INSECT

KB167051

하루 한 권, 곤충

운노 가즈오 지음   정혜원 옮김

생태계를 수억 년간 조율해 온 미지의 존재

운노 가즈오

1947년 도쿄에서 태어났다. 주로 곤충을 촬영하는 자연 사진가다. 도쿄농공대학의 히다카 도시타카 연구실에서 곤충행동학을 배웠고 대학 시절 촬영한 「큰줄흰나비의 교미 거부 행동」 사진이 잡지에 게재되어 사진가의 길을 걷게 되었다. 1999년부터 나가노현 고모로에서 우리 주변의 곤충을 사진에 담고 있다. 저서로 1994년 일본사진협회 연도상을 수상한 『昆虫の擬態곤충의 의태』를 비롯하여 『デジタル一眼レフで撮る四季のネイチャーフォトDSLR로 찍는 사계절 자연 사진』, 『子供に教えたいムシの探し方・観察のし方어린이에게 가르쳐 주고 싶은 벌레 찾는 법・관찰하는 법』, 『蝶の飛ぶ風景나비가 나는 풍경』〈平凡社〉, 『365日出会う大自然 昆虫365일 만나는 대자연. 곤충』〈誠文堂新光社〉, 『蛾蝶記나비일기』〈福音館書店〉 등이 있다. 일본자연과학사진협회 회장이자 일본곤충협회 이사이며 일본사진가협회 등의 회원으로 활동 중이다.

어렸을 때부터 곤충학자가 되는 것이 꿈이었다. 곤충학자와는 차이가 있지만 지금 나는 곤충 전문 사진가가 된 지 40년이 넘었다. 그동안 매일 곤충을 봐 왔기에 시간으로 말하면 학자보다 훨씬 오래 곤충을 접해 왔다고 할 수 있겠다. 촬영의 목적은 연구가 아니지만 어렸을 적 꿈꾼 곤충학자의 모습은 곤충 사진가의 삶에 더 가까웠을지 모른다. 어쨌거나 나는 곤충을 정말 좋아한다. 곤충이 없으면 내 인생도, 삶도 있을 수 없다.

다른 것도 아니고 왜 곤충이냐는 질문을 자주 받는다. 순수하게 아름답다는 것도 이유가 될 수 있지만 지구적인 관점에서 가장 선배이자 가장 번영한 생물로 4억여 년의 아득히 긴 역사를 가진 바로 이 곤충을 빼 놓고 환경 보전을 외친들 아무런 의미가 없다, 하고 목소리를 높이겠다.

실은 곤충의 생활과 색채, 형태 등 모든 것을 재미있어 했을 뿐 이유 같은 건 딱히 없었다. 낯을 가리던 내가 뻔뻔하게 책도 쓰고 강연도 하는 걸 보면 역시 곤충은 위대한 것 같다. 처음 사진가가 되려고 한 이유이기도 하다. 내 인생을 바꾼 곤충에게 경의를 표하며 곤충 전도사가 되고 싶었다.

이 책도 곤충을 널리 알리고 입문하도록 돕는 입장에서 쓰기 시작했다. 곤충에 별 관심이 없는 사람도 관심을 갖길 바라는 마음을 담았다. 펼침면 하나에 한 가지 곤충을 담고자 했으니 기껏해야 백여 가지밖에 소개할 수 없었지만 곤충은 워낙 종류가 많다. 일본에만 약 3만 종이 산다. 우리 주변으로 범위를 좁히면 1/10 정도일까. 그래도 3천 종이다. 그중 적당히 커서 눈에 자주 띄는 곤충만 따지면 몇 분의 1로 줄어든다. 그래도 거의 천여 종이나 되니 현실적으로 전부 실을 순 없었다.

이 책에서는 재래꿀벌과 양봉꿀벌처럼 비슷한 종일지라도 이름이 알려졌고 종종 화제에 오르는 곤충은 따로 다뤘다. 반면 우리 주변에 있는데도 일반

인은 일일이 주목한 적이 없는 종은 명주잠자리나 뿔잠자리처럼 총칭으로 묶어 다뤘다.

본문의 곤충은 인간과의 거리를 기준으로 선택했다. 우리 주변에 있으면 만나기 쉽고 이미 이름도 알고 있을 확률이 높다. 주요 출현 장소를 중심으로 다섯 장으로 나눴다는 것을 밝힌다.

1장은 주변에 사는 곤충들, 도시에서도 볼 수 있는 종을 싣기로 했다. 극히 일부를 제외하면 내가 사는 도쿄 지요다구에서도 볼 수 있다. 그에 더해 정말 가까이 있는 곤충, 이를테면 집 안에서 볼 수 있는 바퀴벌레나 권연벌레도 넣기로 했다. 도심 한복판에도 있으니 주택지에도 나타날 가능성이 매우 높다.

2-4장은 야산에서 볼 수 있는 곤충들을 담았다. 야산이라는 것이 정의 내리기가 참 모호한데 산속이 아니면서도 잡목림이나 밭이 있고 사람도 사는 시골을 떠올리면 좋을 것이다. 2장에서는 야산과 풀밭에서 볼 수 있는 곤충들 위주로 소개했다. 도시에서 볼 수 있는 종도 일부 있지만 대부분 내 작업 현장인 나가노현 고모로에서 볼 수 있는 종이다. 그중에서도 초원이나 밭 주변처럼 탁 트인 환경에 많은 종을 실었다. 3장은 야산과 잡목림에서 볼 수 있는 곤충들, 고모로에서도 주로 숲 주변에서 볼 수 있는 종을 실었다. 4장은 야산과 물가에 사는 곤충들, 역시 고모로 주변에 자주 출현하면서도 특히 강이나 저수지, 논처럼 물과 관련된 장소에 많은 종을 실었다. 고모로는 자연이 풍부한 지역이지만 내가 다룬 곤충은 특수한 종이 아니므로 혼슈에 위치한 시골 마을이라면 어디서든 충분히 볼 수 있다.

5장에서는 이름난 곤충들을 다뤘다. 신문에 난 적이 있거나 보호를 받고 있어 이름은 널리 알려진 종이라고나 할까. 비교적 유명한 곤충에 얽힌 사연이 궁금한 사람을 위한 장이라고 할 수 있겠다.

이 한 권을 읽는다고 해서 곤충의 모든 종을 판별할 수는 없을 것이다. 곤충이라는 생물을 더 깊이 이해시키는 것이 이 책의 목적이며, 아울러 곤충이라는 친근한 생물의 생활을 엿보고 탐색하는 가이드로서 제작했기 때문이다. 매사에 의문을 품고 탐구하는 것이 생물학, 과학 아닐까? 이 책을 통해 곤충이란 신비로운 존재이며 아직 미지 투성이임을 깨닫길 바란다.

운노 가즈오

목 차

제2장 야산과 풀밭에 사는 곤충들

제3장 야산과 잡목림에 사는 곤충들

제4장 야산과 물가에 사는 곤충들

제5장 이름난 곤충들

제 1 장

주변에 사는
곤충들

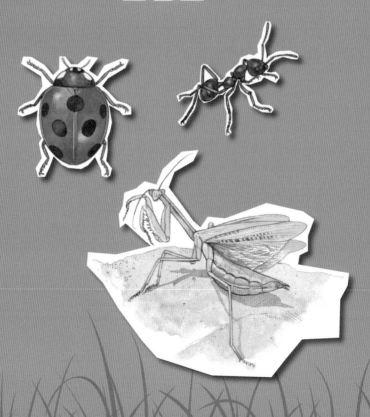

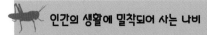

호랑나비

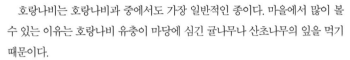

호랑나비는 호랑나비과 중에서도 가장 일반적인 종이다. 마을에서 많이 볼 수 있는 이유는 호랑나비 유충이 마당에 심긴 귤나무나 산초나무의 잎을 먹기 때문이다.

예전에는 탱자나무를 울타리 대신 심어둔 집도 있었다. 탱자나무는 가시가 날카로워서 도둑을 막는 효과가 있다고 하는데 최근에는 보기 드물어졌다. 귤나무나 산초나무를 심는 사람도 전보다 줄어 호랑나비의 숫자도 덩달아 감소한 느낌이다.

호랑나비는 한반도 전역, 중국 대륙에서 일본에 걸쳐 분포해 있는 동아시아 고유종이다. 어느 곳의 개체든 전부 색깔과 무늬가 같지만 필리핀 루손섬의 고산대에는 벵겟호랑나비(가칭)*라는 색다른 종이 산다. 호랑나비와 같거나 아주 비슷한 종인 그 녀석은 독을 지닌 왕나비로 의태**하여 날개 모양이 둥그스름하다. 먼 옛날 루손섬이 중국 대륙과 이어진 시기가 있었다는 증거이기도 하다.

봄부터 10월경까지 여러 번 발생하는데 낮이 짧은 9월 이후 자란 애벌레는 번데기로 겨울을 난다. 사계절이 있어 계절별로 낮의 길이가 크게 달라지는 지역에 살면서 번데기로 겨울을 나는 나비 종은 대부분 낮의 길이를 재는 체내시계를 갖고 있다. 월동한 번데기에서는 밝은색을 띤 작은 봄형 나비가 우화***한다.

번데기는 녹색과 갈색의 보호색으로 이루어져 있다. 색깔은 애벌레가 번데기로 변하는 장소에 따라 달라진다. 매끈하거나 주위에서 잎사귀 냄새가 나면 녹색이 되고, 거칠고 냄새가 없는 곳에서는 주로 갈색이 된다. 주변에 갈색 식물이 많은 겨울에는 번데기에서 오렌지빛이 돈다.

---

* *Papilio*, 한국에 정식으로 등록되지 않은 종. 이하 가칭은 모두 해당 학명으로 표기
** 동물이 자신을 보호하거나 쉽게 사냥하기 위해 주위의 물체나 다른 생물과 매우 비슷한 모양을 하고 있는 일
*** 번데기가 변태하여 성충이 되는 일

나비목 호랑나비과
호랑나비

Papilio xuthus

크기 봄형 앞날개 길이˚ 약40mm
　　　여름형 앞날개 길이 약55mm
시기 4~10월
분포 한반도 전역, 중국, 일본 등
　　　동아시아 등

봄형은 크림색 부분이 더 많음

여름형 암컷

백일홍의 꿀을 빠는
여름형 호랑나비 수컷

탱자나무 잎 위의 3령 애벌레**.
새똥으로 의태 중

종령 애벌레***는 녹색을 띰

* 앞날개 뿌리부터 정점까지의 길이(한쪽 날개 기준)
** 세 번의 탈피를 마친 애벌레
*** 모든 탈피를 마치고 번데기가 되기 직전의 유충

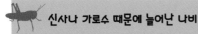

청띠제비나비

검은 바탕에 파란 띠가 있는 청띠제비나비는 아름다운 호랑나비과 나비다. 푸른 하늘을 배경으로 나는 모습은 이국적인 분위기를 자아낸다. 남방계 나비로서 제주도와 울릉도 및 남해안 섬 상록활엽수림, 열대 아시아까지 널리 분포해 있으며 일본에서는 혼슈가 북방 한계선이다. 산속보다는 주택지나 도심 한복판에 특히 많다. 대도시에서 흔히 볼 수 있다.

청띠제비나비의 애벌레는 녹나무나 후박나무 등 녹나무과 나무의 잎을 먹는다. 일본에서 녹나무는 신사에 심어지는 경우가 많고 신을 모시는 숲에는 대개 녹나무가 있다. 원래 조엽수림*종인 녹나무를 신사에 심음으로써 청띠제비나비에게는 최적의 환경이 도심에 갖춰졌다. 숲속에 살던 청띠제비나비가 도심으로 진입할 수밖에 없던 이유다.

1970년경 도시 공해가 문제되었을 때 가로수로 녹나무를 도입한 지역이 많다. 녹나무가 공해에 강하다는 것도 청띠제비나비에겐 유리하게 작용했을 것이다.

번데기로 겨울을 나지만 호랑나비 등에 비하면 추운 날씨에 약하다. 청띠나비속에 속하는 나비 중 가장 고위도인 온대지역에 살고, 고로 겨울철 기온이 영하 5℃ 이하로 떨어지는 한랭지에는 서식할 수 없다. 애벌레의 먹이인 녹나무 자체도 한랭지에서는 자라지 못한다.

일본 개체의 북방 한계선은 아오모리현 후카우라마치로 추정된다. 후카우라마치는 동해 난류의 영향으로 아오모리현에서는 온난한 지역에 속한다. 야마가타현 도비시마도 난류의 영향으로 청띠제비나비가 많은 곳이다. 더 남쪽 지역일지라도 나가노현 중부 등 겨울철 기온이 낮은 내륙부에는 청띠제비나비가 서식하지 않는다.

---

* 照葉樹林. 아열대 삼림의 일종으로 높은 습도와 상대적으로 안정적이고 온화한 기온을 가진 곳에서 발달한다. 상록 활엽수가 주된 수종이다.

수컷

나비목 호랑나비과
청띠제비나비

Graphium sarpedon

크기 앞날개 길이 약 40mm
시기 5~9월
분포 제주도와 울릉도 및 남해안
섬 상록활엽수림, 열대 아시
아, 혼슈~오키나와 등

하늘색 띠가 있음

암수 간에 큰 차이를 보이
지 않으나 암컷의 경우 배
가 굵음

도심 빌딩가의 화단에도 자주 나타남

애벌레는 녹나무 잎
앞면에 있음

여름에 거지덩굴 꽃
을 자주 찾음

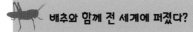
배추흰나비

배추흰나비는 우리를 즐겁게 하는 친숙한 나비다. 동요 '나비야 나비야 이리 날아 오너라♪'에서 말하는 나비 또한 배추흰나비일 것이다. 이 개체는 유채꽃을 무척 좋아한다. 유채꽃은 배추와 같은 십자화과 식물로, 배추흰나비 애벌레는 십자화과 식물의 잎을 먹고 자란다. 그리고 성충은 유채꽃 꿀을 빤다. 도심 한복판이라도 유채꽃이 있으면 배추흰나비가 많다.

배추흰나비는 한국에서 가장 흔히 볼 수 있는 나비이며 한반도 전역과 일본 북반구 등 널리 분포한다. 아마도 배추 재배와 함께 퍼진 것으로 추정된다. 배춧잎을 먹어 치우기 때문에 밭의 일꾼들은 배추흰나비 애벌레를 싫어한다. 하지만 배추를 대규모로 재배하는 밭에서는 오히려 배추흰나비를 거의 찾아볼 수 없다. 배추흰나비를 막기 위해 강력한 농약을 치기 때문이다.

배추흰나비는 암수 모두 날개를 펴면 5cm가량 된다. 색깔의 차이를 보인다고 해도 우리로서는 암수를 구별하기 힘들지만 배추흰나비는 서로의 성별을 정확히 파악할 수 있다. 우리가 못 보는 자외선을 볼 수 있기 때문인데 암컷의 날개는 자외선을 반사하는 반면 수컷의 날개는 흡수한다. 자외선이 보이는 배추흰나비에게 수컷은 암컷보다 더 진해 보일 것이다.

배추흰나비는 자외선을 볼 수 있는 대신 빨간색을 보지 못한다. 인간에 비해 가시범위가 자외선 쪽으로 쏠려 있다. 고로 배추흰나비는 빨간 꽃에 가지 않는다. 하얀색, 노란색, 파란색, 보라색 꽃을 좋아한다.

나비목 흰나비과
배추흰나비

Pieris rapae

크기 앞날개 길이 25–30mm
시기 3–12월
분포 한반도 전역, 일본 전역 등

여름형은 검은 부분이 큼

암컷은 회색

봄형 수컷

자외선만 통과시키는 필터를 끼워 촬영
하면 수컷(좌)은 어둡게 찍힘

자운영* 꽃밭을 나는
봄형 배추흰나비 암컷

배춧잎을 먹는 중인 애벌레

* 紫雲英, 쌍떡잎식물 장미목 콩과의 두해살이풀

15

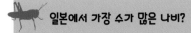

남방부전나비

도심 길가에서 지면을 스치듯 나는 작은 나비는 대개 남방부전나비다. 일본 홋카이도나 높은 산속이 아니고서는 평탄하고 따뜻한 지역이라면 어디서든 볼 수 있다. 크기가 작아 좁은 장소에도 많이 서식할 수 있기에 어쩌면 일본에 사는 나비 중 수가 가장 많을지도 모른다. 한국에서도 중·남부지방에 널리 분포해 있다.

남방부전나비 애벌레는 괭이밥을 먹는다. 괭이밥은 햇볕이 잘 드는 장소라면 어디서든 자라는 식물이다. 자그마한 노란 꽃을 피우며 꼬투리 안에 씨앗을 담고 있는데 건드리면 톡 터진다. 그 느낌이 재미있어서 어린 시절 터뜨리면서 논 사람도 많을 것이다.

괭이밥은 위와 같은 식으로 씨앗을 튀겨 왕성하게 번식한다. 높다란 풀숲에서 자랄 수 없는, 키가 작은 식물이만 그 대신 공원 등 풀베기가 이루어지는 장소에서도 베일 일이 없다. 또 건조에 강한 식물이라 도로 틈새에서도 잘 자란다.

괭이밥을 먹고살기에 남방부전나비는 시골보다 도시에 많다. 남방부전나비 애벌레는 낮이면 뿌리 근처에 숨어 있을 때가 많아서 풀이 자주 베이는 장소에서도 꿋꿋이 살아남는다. 시골에서도 남방부전나비가 많은 곳은 풀베기가 이루어지는 길가나 농지 주변의 풀밭이다. 알게 모르게 인간은 남방부전나비에게 적합한 환경을 조성하고 있던 것이다.

남방부전나비는 벚꽃이 필 무렵 발생하여 한 해에도 여러 세대를 거듭하는데 도쿄 일대에서는 12월 초까지 볼 수 있다. 수컷은 날개 앞면이 아름다운 연한 파란색이다. 암컷의 경우 여름에 우화한 개체는 진한 갈색이지만 봄이나 가을에 우화한 개체는 검은 바탕에 파란 무늬가 퍼져 있다.

나비목 부전나비과
남방부전나비

Pseudozizeeria maha

크기 앞날개 길이 약 15mm
시기 4~12월
분포 한반도 중·남부지방,
　　혼슈~오키나와 등

흰빛을 띔

암컷의 날개는 거무스름함

※ 남방부전나비와 꼭 닮은 나비로 극
　남부전나비가 있으나 사는 곳이 한
　정적이라서 도심에는 거의 없다.

암컷(좌)에게 구애하는
수컷. 가을에 발생하는
암컷은 파란색 비늘가
루로 덮여 있음

암컷은 어두운 흑갈색을 띔

괭이밥에 붙어 있는 애벌레

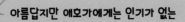

작은주홍부전나비

　노란 꽃 위에 날개를 펴고 앉아 있으면 참으로 아름답다. 동그랗고 까만 눈과 줄무늬 더듬이가 달린 얼굴도 사랑스럽다. 그런데 일반인에게는 몰라도 나비 애호가에게는 인기가 없다. 왜일까?

　유라시아 대륙과 북미에 걸쳐 널리 분포하고 한국은 한반도 전역, 일본에도 난세이제도*를 빼면 어디에나 있기 때문이다. 흔한 종이라 채집망에 쫓길 일도 없으니 나비 입장에선 행복하다고 할 수 있겠다. 영어명으로는 작은 구리 Small Copper다. 날개가 구조색**을 띠기 때문에 그러한 이름이 지어진 것 같다. 이 개체는 앞날개의 검은 무늬나 등이 보는 각도에 따라 광택이 돌고 구리색으로 빛난다.

　봄과 늦가을에 발생하는 작은주홍부전나비는 주홍색 부분이 밝고 검은 부분이 적어 특히 아름답다. 개중에는 뒷날개에 파란 반점이 난 것도 있다. 더운 시기에 발생하는 작은주홍부전나비는 주홍색이 어둡고 탁하다. 애벌레가 자랄 때의 기온이 성충의 날갯빛에 영향을 주는 모양이다. 애벌레가 먹는 풀은 수영이나 참소리쟁이로 이는 햇볕이 잘 드는 길가나 빈터의 살짝 습한 곳이면 어디든 있는 식물이다.

　수영이나 참소리쟁이는 로제트*** 형태로 월동하기 때문에 겨울에도 잎이 있다. 겨울에 뿌리 근처의 잎을 확인해 보면 작고 길쭉한 애벌레가 있을 것이다. 겨울의 로제트에는 붉은기가 돌지만 작은주홍부전나비 애벌레도 마찬가지 겨울이나 이른 봄에는 자주빛 띠를 두르고 있어 풀잎과 혼동하기 쉽다. 눈에 띄지 않아서 풀잎을 젖히면 땅에 툭 떨어진다.

　겨울일지라도 따뜻한 날에는 잎을 먹고 성장하므로 이른 봄 애벌레는 나비가 되어 날아오른다. 같은 장소여도 햇볕 잘 드는 비탈에서 자란 애벌레는 빨리 나비가 된다. 도쿄 일대에서는 3월 초면 발생하여 노랑나비와 함께 가장 먼저 활동을 시작한다.

* 일본 규슈 남서쪽 약 1500㎞ 구간에 있는 200여 개 섬
** 물체 표면의 미세 구조 때문에 빛이 반사하거나 산란하면서 나타나는 색. 24쪽 참조.
*** 짧은 줄기에 다수의 잎이 밀집하여 전체적으로 둥근 형상을 띠는 식물의 잎 형태

나비목 부전나비과
작은주홍부전나비
Lycaena phlaeas

크기 앞날개 길이 약 15mm
시기 3~12월
분포 한반도 전역, 일본 홋카이도 규슈 등

― 광택이 도는 흑갈색

― 봄이나 가을처럼 기온이 낮을 때는 색채가 더 밝고 곧잘 파란 무늬가 나타남

암컷(위)에게 구애하는 수컷. 봄이나 가을에 발생하는 개체는 밝은색을 띰

여름에 발생하는 작은주홍부전나비는 색이 탁하다

이른 봄 시기의 애벌레는 붉은 기가 돎

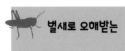

벌새로 오해받는
줄녹색박각시

흡사 벌처럼 생긴 줄녹색박각시는 도심에 많은 주행성 나방의 일종이다. 공원에 많이 심어지는 치자나무가 바로 줄녹색박각시의 먹이다. 치자나무 화분을 놓아두면 어느 날 갑자기 잎이 초토화되어 있을 것이다. 들여다보면 놀랍게도 치자 잎과 똑같이 생긴 초록색 유충이 잎을 우적우적 먹고 있을 텐데 그것이 줄녹색박각시 애벌레다. 작을 때는 쥐도 새도 모르게 조금씩 파먹다가 번데기가 되기 일주일쯤 전부터 맹렬한 식욕을 자랑해 작은 나무쯤은 금세 벌거숭이로 만들어 버린다. 땅속에서 번데기가 되므로 이게 무슨 일인가 하고 사태를 깨달았을 때는 이미 애벌레가 온데간데없을 것이다.

줄녹색박각시는 꽃에서 꽃으로 이동하며 긴 주둥이로 꽃의 꿀을 빤다. 날개를 펴면 5cm 정도 되는 데다가 몸통이 굵어 언뜻 큰 벌처럼 보이기도 하는데 사실은 박각시과의 꼬리박각시아과에 속하는 나방이다. 다른 박각시와 달리 꼬리박각시류는 주로 낮에 활동한다. 줄녹색박각시는 치자나무가 자라는 따뜻한 지역에만 있으나 다른 꼬리박각시 종은 대체로 한 해에 두 번 발생하는 차이를 보인다.

꼬리박각시류인 줄녹색박각시나 황나꼬리박각시의 날개는 원래 투명하지만 우화 직후에는 비늘가루로 덮여 있다. 날아오르는 순간 비늘가루가 떨어져 날개가 투명해진다. 다른 꼬리박각시 종은 비늘가루로 덮여 있다.

꼬리박각시는 일본어로 '蜂雀'라고 쓰고 호쟈쿠라고 읽지만 하치스즈메라고 읽기도 한다. 하치스즈메는 꿀 먹는 새를 뜻한다. 공중에 뜬 채 꽃의 꿀을 빠는 남미 서식 벌새에 빗댄 말이다. 줄녹색박각시나 꼬리박각시를 보고 벌새로 착각하는 사람도 있는데 실제로 꿀을 빠는 모습이 상당히 비슷하다.

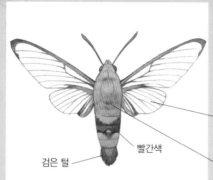

나비목 박각시과

줄녹색박각시

Cephonodes hylas

크기 앞날개 길이 30mm
시기 6~9월
분포 한반도 남·중부, 일본 혼슈
이남 등

투명한 날개. 우화 직후에
는 비늘가루로 덮여 있지만
날아오를 때 떨어짐

빨간색

검은 털

벨벳 같은 털

나가노현 고모로에 나타난
줄녹색박각시.
온난화 때문일까?

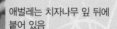

애벌레는 치자나무 잎 뒤에
붙어 있음

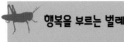

칠성무당벌레

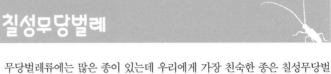

무당벌레류에는 많은 종이 있는데 우리에게 가장 친숙한 종은 칠성무당벌
레일 테다. 유럽이나 미국에서는 행복을 부르는 벌레라고 해서 인기가 많다.
칠성무당벌레는 빨간 날개에 검은색 물방울무늬가 일곱 개 박힌 사랑스러운
딱정벌레로 전국, 일본 전역 등에서 흔히 볼 수 있다. 성장이 빨라 초봄부터 초
여름과 가을에 걸쳐 서너 세대를 거듭한다. 더위를 싫어하는지 7-8월의 일본
에서는 홋카이도 이외의 지역에선 거의 볼 수 없다. 성충의 모습으로 낙엽 밑
이나 돌틈, 건물 틈새, 풀 틈새 등에 숨어 더위를 피하기 때문이다. 가을이 되
면 활동을 재개하여 11월에는 대개 번데기가 되거나 우화한다.

11월경 우화한 칠성무당벌레는 성충으로 월동하지만 일반 무당벌레와 달
리 겨우내 틀어박혀 있지는 않으므로 모습을 전혀 볼 수 없는 시기는 많지 않
다. 2월부터 3월 사이 따뜻한 날 큰개불알풀이 피는 제방이나 들판으로 나가
면 땅을 기어 다니거나 풀 위로 날아오르는 칠성무당벌레를 만날 수 있다. 주
로 참소리쟁이나 큰개불알풀 등에 머무르는데 여기엔 먹이인 진딧물이 있다.
3월에 접어들면 알을 낳는다.

칠성무당벌레는 유충도 성충도 진딧물을 먹는다. 암컷은 진딧물이 있는 식
물에 길고 노란 알을 잔뜩 낳는다. 보름이 지나면 돌아다니는 유충을 많이 볼
수 있다. 이 시기에는 진딧물이 별로 없으므로 유충도 부지런히 돌아다니면서
진딧물을 찾는다.

유충이든 성충이든 세게 잡으면 다리 사이에서 고약한 냄새가 나는 노란
액체를 뿜는다. 쓰고 맛이 없는 물질이라 새의 먹잇감이 되는 위기를 모면할
수 있다.

하얀 무늬

딱정벌레목 무당벌레과
칠성무당벌레

Coccinella septempunctata

크기 약 8mm 이하
시기 2~12월
분포 전국, 일본 홋카이도~규슈
등

빨간 바탕에 검은 점이
일곱 개 있음

진딧물을 먹는 성충

늦가을 따뜻한 돌 위에
많은 번데기가 붙어 있음

진딧물을 먹는 유충

비단벌레

비단벌레는 딱정벌레목 비단벌레과에 속하는 곤충으로 일본에는 약 200종류가 산다. 소나무비단벌레 같은 비교적 수수한 것도 있으나 금속성의 광택이 도는 아름다운 종이 많다. 예를 들어 일본비단벌레*가 있다. 일본비단벌레는 금록색으로 빛나는 날개에 빨간 세로줄이 들어간 매우 아름다운 종이며 한여름 햇살이 강한 낮에 큰 팽나무나 벚나무 위를 날아다닌다.

비단벌레 유충은 팽나무나 벚나무의 시든 가지를 먹는다. 전라남·북도와 경상남도 일부 지방 등 따뜻한 지방에 서식하고 도쿄 같은 도시의 공원 등에서도 볼 수 있는데 공원에서는 시든 가지를 치는 경우가 많아 전보다는 줄어든 추세다.

비단벌레의 금속성 광택은 앞서 작은주홍부전나비에서 설명한 것과 마찬가지로 구조색으로 이루어져 있다. 일반적으로 색이라는 것은 빛의 반사와 흡수로 나타나는데 구조색은 빛의 회절이나 간섭, 산란, 굴절로 나타나는 가상의 색이다. 비단벌레의 날개는 기기 액정과 비슷한 구조로 되어 있다고 한다.

비단벌레는 곤충의 왕으로도 일컬어지는데 아름다운 색을 띠기도 하지만 장롱에 넣어두면 좀이 슬지 않는다는 둥 옷이 불어난다는 둥 속설이 있기 때문이다. 장식에도 쓰여 나라현의 호류지**에는 7세기에 만들어진 비단벌레 불상궤가 보존되어 있다. 궤를 장식할 때 비단벌레의 날개가 쓰였는데 지금은 날개가 거의 남아 있지 않다고 한다. (참고로 비단벌레 장식 및 불상궤는 삼국 시대 고대 한반도의 장인들의 기술로, 일본이 아닌 한국제였음이 밝혀진 바 있다.)

그 불상궤에 비단벌레가 몇 마리 쓰였는지는 알 수 없다. 일본에서 1960년과 2008년 복제품이 제작되었는데 1960년 작품에는 5348마리의 날개가 쓰였고 현재 일본의 대형 백화점 그룹인 다카시마야의 별관 자료관에 보관되어 있다. 2008년 작품에는 3300마리의 날개가 쓰였고 호류지에 기증되었다고 한다.

---

* 한국 비단벌레는 일본 비단벌레와 다른 종임이 밝혀졌다. 여기서는 과명 '비단벌레'와 차이를 주기 위해 종명에 '일본'을 붙임. (학명: *Chrysochroa coreana*)

** 法隆寺. 607년 창건된 사찰로 일본에서 가장 오래된 목조건물

딱정벌레목 비단벌레과

비단벌레(일본비단벌레)

Chrysochroa fulgidissima

크기 약 35mm

시기 6–8월

분포 전라남 · 북도와 경상남도
　　　일부 지방 , 혼슈~규슈 등

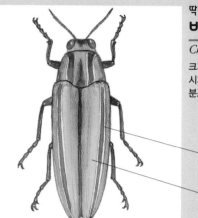

———— 빨간 띠

———— 날개에 아름다운 금속성
　　　광택이 돎

팽나무 잎에 앉은
일본비단벌레

수수한 색의 소나무비단벌레는 침엽수에 붙
어서 삶

검정무늬비단벌레는 상수리나무 장작에서 볼
수 있음. 작지만 아름다운 비단벌레!

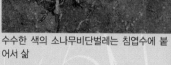

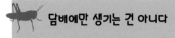

권연벌레

집 안에 참깨 같은 작은 벌레가 잔뜩 있다며 어떻게 하면 좋으냐는 질문을 자주 받는다. 사진을 받아 보면 그저 검은 점이 찍혀 있을 뿐이다. 2mm 정도 밖에 안 되는 벌레라는데 그 정보만으로는 어떤 벌레인지 알기 어렵다. 언젠가 처가에서도 작은 딱정벌레가 출몰한다고 호소해서 가 보니 정말 작은 벌레가 여기저기 널려 있었다. 출몰한 것은 권연*벌레였다. 권연벌레는 딱정벌레목 빗살수염벌레과에 속해 있다. 60종이 넘는 빗살수염벌레가 있는데 대부분 야외에 산다. 하지만 바퀴벌레처럼 주거지에 침입하는 빗살수염벌레류도 있다. 권연벌레와 인삼벌레라는 종이 이에 해당한다.

노인 혼자 살아서인지 처가에는 몇 년 된 식품이 방치되어 있곤 했다. 썩어서 악취라도 풍기면 안 볼 때 몰래 버리겠지만 쌀 같은 건 아직 먹을 수 있다고 우기시니 그대로 내버려 두었다.

그게 화근이었다. 결국 주방의 쌀통에 권연벌레가 생긴 것이다. 일단 묵은 쌀을 다 내다 버렸으나 워낙 다다미 장판까지 뜯어먹는 녀석이라 집에서 완전히 몰아낼 수 있을지는 지켜봐야만 하겠다.

권연벌레와 인삼벌레는 유충 때 주로 건조된 식물성 식품을 먹는다. 특히 권연벌레는 그 해롭다는 담배에도 살아있을 정도라 수분 없는 음식이라면 거의 뭐든 먹어 치운다고 보면 된다.

빗살수염벌레과는 일본어로 시반무시死番蟲라고 한다. 임종을 지키는 벌레라는 뜻의 영어명 'Deathwatch'에서 유래했다. 나도 늙어서 언젠가 혼자가 되면 빗살수염벌레를 마주하게 될까?

---

* 궐련의 원말. 종이에 만 담배를 뜻함

딱정벌레목 빗살수염벌레과

권연벌레

Lasioderma serricorne

크기   약 2mm
시기   6–8월
분포   한국, 일본, 대만, 인도 등

둥그스름한 몸

※ 잘 들여다보지 않으면 모를 정도로
  작은 다갈색 벌레가 집 안을 돌아
  다닌다면 대개 권연벌레다.

쌀에 생긴 권연벌레

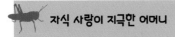
　벌목 말벌과 쌍살벌아과의 곤충인 쌍살벌은 마치 긴 막대기 두 개를 들고 다니는 것처럼 생겨서 그 이름이 붙었다. 대한민국에서는 쌍살벌을 순수 한국말로 바다리라고도 부른다.

　쌍살벌이라고 하면 처마 끝 벌집에 벌이 가득 들어찬 광경이 떠오른다. 그들의 수명은 일 년이다. 4월부터 5월 초 무렵 겨울잠에서 깬 여왕 쌍살벌은 홀로 보금자리를 마련한다. 건자재는 펄프다. 갉아 낸 나무껍질에 타액을 섞어 반죽한 뒤 집을 짓는다. 한지를 만드는 방법과 비슷한데 실제로 쌍살벌의 집은 종이로 되어 있다. 영어로는 그들을 페이퍼 워스프Paper Wasp라고 부른다.

　쌍살벌의 집에서 일벌이 우화하기 시작하는 때는 7월 초 무렵이다. 그때까지는 여왕벌 혼자 새끼들을 키운다. 가만히 들여다보면 무척 부지런히 일하고 있다. 나비 애벌레를 사냥해 다지고 뭉쳐 새끼들에게 먹이로 주고, 비가 오면 벌집에 맺힌 빗방울을 빨아들여 밖으로 버린다. 날씨가 더우면 날개를 선풍기처럼 펄럭여 새끼들의 몸을 식힌다. 여왕이라기보다 주부왕에 가까운 모습이다.

　세상에는 수많은 종류의 쌍살벌이 있다. 쌍살벌은 무섭게 생겼지만 사실 성격이 꿀벌보다도 온화하다. 만약 마당이나 처마 끝에서 집을 발견했다면 관찰해 보아도 좋을 것이다. 특히 5-6월 경 여왕이 홀몸으로 새끼를 키울 때면 열심히 일하는 모습이 존경스럽다. 자식을 지키는 일에 집중하느라 가까이 다가가도 달아나지 않고 덤벼드는 법이 거의 없다. 하지만 기억하자. 가을에 개체 수가 늘었을 때 벌집을 건드리면 바로 공격당할 수 있다.

　의도치 않게 벌집을 건드린 경우가 가장 위험하다. 여름 막바지나 가을이면 개체 수가 꽤 불어나 있다. 쌍살벌의 집은 처마 끝뿐만 아니라 풀숲에도 많아서 걷고 있다가 자신도 모르게 그들의 집을 건드릴 때가 있다. 대체로 쫓아오지는 않지만 콕 쏜다면 바로 도망가자.

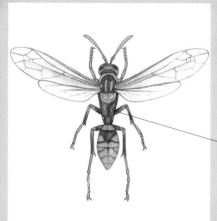

쌍살벌아과, 벌목 말벌과
쌍살벌(등검정쌍살벌)
Polistinae/Polistes jadwigae

크기 약 25mm
시기 4~10월
분포 몽골, 중국, 한국, 일본 등
동북아시아 지역 등

등검정쌍살벌과 같은 쌍살벌
인 왕바다리는 이곳에 노란
점이 두 개 있다

※ 등검정쌍살벌은 왕바다리와 함께
가장 큰 쌍살벌로 꼽힌다

집을 짓는 두눈박이쌍
살벌

집에서 빗방울을 배출하는
두눈박이쌍살벌

가을에 접어들어 커진 왕바다리의 벌집

양봉꿀벌

봄에 자운영 꽃밭에 누워 있으면 '붕붕'하고 꿀벌이 나는 소리가 들려온다. 봄이 왔음이 실감되는 행복한 순간이다. 뿌리에 질소 성분을 모으는 자운영은 풋거름, 녹비*로 유용한 식물이다. 하지만 안타깝게도 예전에 비해 자운영 꽃밭이 줄어들었다. 모내기 시기가 빨라진 데다 화학비료에 밀려 이제는 아예 볼 수 없게 된 지역도 많다.

자운영 꽃은 꿀벌만 한 크기의 벌이 앉으면 그 무게 때문에 꽃잎이 열려 꽃술이 드러난다. 자운영은 꿀벌과 함께 진화해 왔다고 일컬어진다. 꿀벌만 한 크기의 벌이 없으면 종자를 퍼뜨릴 수 없기 때문이다. 그 대신 벌은 꿀이나 꽃가루를 얻는다.

자운영 꿀은 무척 달콤하고 맛있다. 양봉꿀벌은 원래 유럽 곤충이었다. 지금은 벌꿀을 채취하기 위한 효율적인 방법으로 각국의 수출 수입 끝에 가축화되었다. 양봉꿀벌은 양봉업뿐 아니라 같은 종의 꽃을 연달아 찾고 꽃가루를 묻힌 채 다른 꽃으로 이동하기 때문에 꽃을 효율적으로 수분시키는 데에도 도움이 된다. 일본에서는 딸기나 멜론 같은 농작물의 수분에 동원되고 있다.

최근 들어 꿀벌 감소가 세계적인 문제로 떠올랐다. 꿀벌은 생태계에 있어서 아주 중요한 존재다. 벌집군집붕괴현상이라고 들어 보았는가? 꿀벌이 갑자기 다같이 죽어 버린다고 한다. 이유는 확실치 않지만 꿀벌에 기생하는 진드기가 원인이라는 말도 있고, 살충제, 바이러스, 휴대폰 사용, 이상 기후 등 현재 많은 이들이 현상 규명을 위해 여러 가지를 점검 중에 있다. 꿀 채취에만 이용하기보다는 식물 수분에 소모하고 부족한 수를 수입해서 채우기도 했는데 유감스럽게도 이젠 수입 수출을 하기에 여의치 않은 실정이 됐다.

* 綠肥. 녹색식물의 줄기와 잎을 이용한 비료

벌목 꿀벌과
양봉꿀벌

Apis mellifera

크기 약 12mm
시기 1년 내내
분포 전국, 전세계 각지

─── 이 부분이 밝은 오렌지색

※ 재래꿀벌에 비해 대체로 오렌지색
   부분이 넓다

꿀벌의 댄스!
엉덩이를 흔들어
동료에게 꿀이
있는 곳을
알리곤 함

유채꽃도 아주 좋아함. 다리에
꽃가루 덩어리가 매달려 있음

자운영 꽃 앞에 멈춰 비행 중♬

31

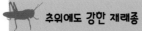

재래꿀벌(토종꿀벌, 한봉)

한국과 마찬가지로 일본에서 볼 수 있는 꿀벌은 크게 두 종류로 나뉜다. 바로 재래꿀벌과 양봉꿀벌이다. 양봉꿀벌은 꿀을 모으기 위해 도입된 종이고 재래꿀벌 또한 말 그대로 재래종을 의미한다. 재래꿀벌은 양봉꿀벌보다 좀 더 작다. 배가 거무스름하고 털이 많아 거의 잿빛처럼 보인다. 꿀을 모으는 능력은 양봉꿀벌보다 떨어져서 고용하지 않은지 오래됐지만 최근 재평가된 이후 다시 양봉업에 참여시키는 일이 많아졌다.

나는 어렸을 적 도심에서 자랐다. 그 시절 양봉꿀벌은 도처에 있었으나 재래꿀벌은 찾아볼 수 없었다. 그런데 요즘에는 도쿄 한복판에도 재래꿀벌이 자주 나타난다. 벌을 치는 사람이 적은 곳에서는 인간의 손을 빌리지 않고도 살 수 있는 재래종이 유리할 것이다.

재래꿀벌은 양봉꿀벌에 비해 추위에 강하다. 내 작업실이 있는 고모로는 2월이 돼도 아침이면 영하 10℃ 아래로 떨어질 때가 있다. 그럼에도 남향의 비탈 등 햇볕이 잘 드는 곳에는 한 발 먼저 봄이 찾아와 머윗대가 고개를 내밀고 가지복수초가 꽃을 피운다. 이 식물들은 추운 날에는 꽃을 오므리고 있지만 날씨가 화창하면 접시형 안테나처럼 생긴 꽃을 펼친다. 태양열을 모으는 데 효율적이기도 하고 추운 시기에 활동하는 곤충을 불러 모으기 위한 태세다. 이른 봄에 피는 그들은 재래꿀벌이나 등에처럼 기온이 낮은 계절에도 활동하는 곤충에 의지해 수분한다. 그 시기에는 곳곳의 작은 물줄기에서 물을 마시는 재래꿀벌을 쉽게 만날 수 있다.

벌목 꿀벌과
재래꿀벌(토종꿀벌, 한봉)
Apis cerana

크기 약 12mm
시기 1년 내내
분포 한반도 전역, 홋카이도~규슈, 중국, 동남아시아 등

― 거무스름한 색

― 줄무늬는 부연 노란색

가지복수초 꽃을 찾은 재래꿀벌

물을 마시는 재래꿀벌

말벌이 집에 쳐들어오면 단체로 에워싸 온도를 높여 죽임

협력해서 먹이를 옮기는
곰개미

길가나 공원에서 보는 검은 개미는 대개 곰개미 아니면 일본왕개미다. 둘
다 잡식성이라서 벌레의 시체부터 곡물, 꽃의 꿀까지 뭐든 먹는다. 일본왕개
미가 더 크고 새까맣고, 곰개미는 배에 광택이 돌고 작아 구별하기 좋다. 곰개
미 중 일개미는 크기가 5~6mm 정도다. 일본왕개미는 훨씬 커서 작은 것도
7mm는 되고 큰 것은 12mm, 여왕개미는 17mm까지 된다. 머리도 크고 턱 힘
이 강하다는 특징이 있다.

먹이를 찾는 방법이나 옮기는 방법도 서로 다르다. 곰개미는 먹이를 찾으면
떼로 몰려가서 힘을 합쳐 옮긴다. 웃기게도 처음에는 각자 다른 방향으로 끌
어당겨 먹이가 움직이지 않는다. 그러다가 방향이 결정되면 속도를 내서 집으
로 향한다. 일본왕개미는 큰 먹이를 발견하면 그 자리에서 분해하여 나른다.
집과 먹이를 오가는 사이에 일손이 늘어 큰 벌레도 금방 처리된다.

이들의 개미집은 여왕개미 하나에 일개미 여럿으로 구성되며 집 안에는 날
개를 단 새 여왕개미와 수개미가 있다. 특이하게도 개미는 벌과 함께 막시목*
이라는 그룹에 속하는데 날개를 가진 것은 결혼 전의 여왕개미와 수개미뿐이
다. 곰개미 집단에서는 6월 말부터 7월경, 일본왕개미 집단에서는 그보다 빠
른 5월 말에 집을 나선 새 여왕개미와 수개미가 공중으로 날아오른다. 곳곳에
서 많은 날개미가 동시에 결혼 비행**을 치른다. 그 후 수개미는 집에 돌아가
지 않은 채 그대로 죽고 암개미는 새집을 지어 새끼를 키운다.

---

* 膜翅目, 곤충강 벌목의 한자명. 벌과 개미를 포함한다.
** 벌, 개미 등의 암수가 해마다 특정한 시기에 교미를 목적으로 일제히 날아오르는 것.

벌목 개미과
곰개미

Formica japonica

크기   약 6mm
시기   3-11월
분포   한국 전역, 일본 홋카이도~
       오키나와 등

가늘다

광택이 도는 검은색. 일본왕개미
는 광택이 없고 털이 많음

입에서 입으로
영양소를 교환
하는 곰개미

혼자서 먹이를 옮
기는 일본왕개미

서로 다른 방향으로 먹
이를 당겨 앞으로 나아
가지 못하는 곰개미

사무라이개미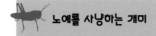*

도쿄도 내 공원에서 가끔 사냥 중인 사무라이개미를 목격한다. 사무라이개미는 곰개미 집을 습격하여 번데기를 약탈하는 것으로 유명하다. 그러나 유명세 치고 직접 볼 기회는 별로 없다. 아니면 보고도 몰라봤을지 모른다. 사무라이개미가 사냥할 때 그들의 큰턱**은 곰개미 유충이나 번데기를 약탈하기 좋게 크고 날카롭다. 그렇다고 해도 위에서 내려다보면 생김새가 그냥 곰개미 같다. 그 집에서 일하는 많은 일개미는 전부 노예가 된 곰개미다.

사무라이개미가 사냥에 나서는 시점은 대개 여름의 더운 오후다. 때가 되면 느닷없이 웬 개미 떼가 뭔가에 홀린 듯 바쁘게 행진하는데, 곰개미 집에 단숨에 쳐들어가서 눈 깜짝할 새에 번데기를 잇따라 갖고 나온다. 마리당 하나씩밖에 번데기를 나를 수 없으므로 쳐들어간 무사 수만큼 번데기를 약탈하고 나면 그 이상의 전투는 불필요하다고 판단하여 일제히 퇴각한다. 그렇게 사냥은 순식간에 끝난다. 모든 일이 불과 15분 사이에 일어난다.

사무라이개미의 집 안에서 성충이 된 곰개미는 아무 의심도 없이 사무라이개미의 새끼를 키운다. 먹이를 날라 오고 청소를 하며 부지런을 떤다. 생각해보면 일개미는 어차피 평생 일개미이니 사무라이개미의 집에서 일해도 그다지 비통하지는 않을 것이다. 노예사냥에 나서는 개미는 사무라이개미 외에도 분개미 등이 있다. 『파브르 곤충기』에 붉은병정개미***라는 이름으로 나오는 개미와 같은 종일 것이다. 분개미가 습격하는 개미도 곰개미다. 안타까워 보일 수 있지만 일꾼 능력으로 말하면 곰개미는 개미 중 가장 유능한 종일지도 모른다.

---

* 순화해서 '무사개미'라고 표기된 자료도 일부 있음
** 곤충의 입 일부. 잎이나 동물을 물어 떼어서 먹는데 적합한 씹는형 입에서는 큰턱의 발달이 현저하다.
*** '병정개미'로 소개된 책이 더 많은데 그것은 일개미 중에서도 전투에 특화된 개체를 가리키는 일반명사다.

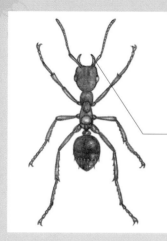

벌목 개미과
사무라이개미

Polyergus samurai

크기 약 7mm
시기 7–8월
분포 한국, 일본 등

―― 큰턱이 크다

집단 사냥에 나서는
사무라이개미

번데기와 유충을
약탈해 온 사무라
이개미

모기(빨간집모기)

'모기만 한 목소리'란 매우 작은 목소리를 의미하지만 모기가 나는 소리는 가까이서 들으면 꽤 시끄럽다. 물리면 가렵기 때문인지는 몰라도 자려고 불을 껐을 때 귓가에서 '윙~' 하는 소리가 들려오면 더더욱 짜증스럽다. 모기는 1초에 500번 이상 날갯짓을 한다고 하고 주파수는 500헤르츠 정도로 인간에겐 매우 잘 들리는 수치다. 날개 소리는 사실 모기의 커뮤니케이션에도 도움이 되기도 한다.

모기는 호흡할 때 발생하는 이산화탄소나 체온, 땀 냄새 등에 민감하다. 우리를 무는 녀석은 다 암컷인데 알을 낳으려면 피를 빨아야 하기 때문이다. 모기의 입 구조는 흥미롭다. 흡혈에 쓰는 침 같은 주둥이(큰턱)는 매우 가늘어서 아랫입술로 받치고 있다. 그 아랫입술을 가이드 삼아 피부에 침을 꽂는 것이다.

물렸을 때 가려운 이유는 이러하다. 모기가 피를 빨면서 피의 응고를 막기 위해 어떤 타액을 주입하기 때문이다. 모기 입장에서는 피가 주둥이 속에서 굳으면이야 큰일이겠지만 우리로 말하면 그 타액은 가려움을 유발할 뿐만 아니라 여러 가지 질병을 매개한다.

일본에서도 과거 일본뇌염을 매개하는 작은빨간집모기가 문제로 떠오른 시기가 있었다. 현재 일본에는 모기로 인한 질병이 별로 없지만 열대 지역에서는 얼룩날개모기류로 인한 말라리아가 큰 문제다. 일본에도 얼룩날개모기에 속하는 중국얼룩날개모기가 있어 절대 안전하다고는 할 수 없다. 그 밖에 황열이나 뎅기열을 매개하는 이집트숲모기나 흰줄숲모기도 유명하다. 무시무시한 웨스트나일열 등 모기가 옮기는 전염병은 무척 다양하고 위험하다.

온몸이 누런색

가는 주둥이를 받치는 지지대

피를 빨면 배가 부풂

파리목 모기과
모기(빨간집모기)

Culex pipiens

크기 약 5mm
시기 3~11월
분포 한국 · 일본 · 중국 남부 ·
아메리카 · 멕시코 등

※ 도시 빌딩에서는 하숫물 등에서 빨
간집모기의 아종인 지하집모기가
주로 봄이나 가을에 발생한다.

일본에도 있는 중국얼룩날개모기

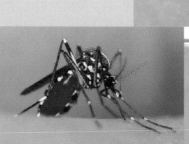

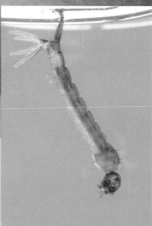

도심의 공원 등에도 흰줄숲모기가 많음. 모기
유충은 물속에서 자람

장구벌레. 일본숲모기의 유충

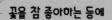

꽃을 참 좋아하는 등에

꽃등에

꽃등에는 그 이름처럼 꽃에 있는 등에다. 일 년 내내 세대를 교체하며 성충으로 겨울을 나지만 한겨울에도 따뜻한 날에는 일광욕을 한다. 꽃등에는 꽃등에과 곤충의 총칭이기도 하다. 호랑나비가 호랑나비과 곤충의 총칭이기도 했던 것과 같다.

꽃등에과 곤충에는 여러 종류가 있는데 일본에서 활동하는 것은 무려 400종 정도다. 쌍시목*에 속하며 뒷날개는 퇴화해 날개가 두 장밖에 없는 것처럼 보인다. 꽃등에와 비슷한 종은 배짧은꽃등에, 수중다리꽃등에 등으로 도심부터 산까지 어딜 가든 많이 보인다. 애벌레는 물속에서 생활한다. 꼬리를 길게 늘여 수면 위로 내놓고 호흡한다.

꽃등에는 꿀벌과 꼭 닮아서 쏘일까 봐 걱정하는 사람도 있을 텐데 사실 전혀 위험하지 않은 곤충이다. 꽃등에과 중에는 크기가 2cm 정도인 것도 있는데 흡사 작은 말벌 같다. 날아다니는 모습까지 벌과 판박이라 깜짝 놀라곤 한다.

꽃등에과의 꽃등에아과 중에 넓적꽃등에라고 불리는 종이 있다. 배가 넓적한 데서 유래한 이름이다. 그들은 수많은 곤충 중에서도 비행의 명수다. 공중에서 헬리콥터처럼 떠 있을 수 있고 몇몇 종은 교미 중에도 공중에 떠 있다. 풀 위에서 교미하는 것보다는 안전하기 때문일까?

넓적꽃등에류는 대개 애벌레 때 진딧물을 먹는다. 진딧물 무리 속에 연갈색 구더기가 있다면 그것이 넓적꽃등에의 유충이다. 넓적꽃등에는 꽃가루를 옮기며 진딧물도 먹어 주므로 원예가들에게는 고마운 존재라고 할 수 있겠다.

---

* 雙翅目, 곤충강 파리목의 한자명. 파리, 모기, 등에 등을 포함한다.

파리목 꽃등에과
꽃등에

Eristalis tenax

크기 약 15mm
시기 3–12월
분포 한반도 북·중·남부, 제주
　　도, 북미를 비롯한 전 세계
　　등

────── 와인잔 모양의 검은 무늬

교미를 하면서도
멋지게 나는
넓적꽃등에

꿀벌처럼 생긴 배짧은꽃등에

말벌처럼 생긴 스즈키긴꽃등에

여름좀잠자리

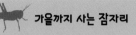

고추잠자리를 대표하는 종은 고추좀잠자리와 여름좀잠자리다. 매우 비슷하게 생겼는데 확실히 구별하려면 가슴의 무늬를 보면 된다. 여름좀잠자리는 여름 잠자리고 고추좀잠자리는 가을 잠자리인 건 아니다. 우화 시기는 둘 다 6월 말에서 7월 초다. 유충의 주요 서식 장소도 논 웅덩이로 동일하다.

그럼 어째서 그런 이름들이 붙었을까. 고추좀잠자리는 우화 직후 산으로 이동하기에 여름 동안 저지대에서는 볼 수 없다. 반면 여름좀잠자리는 여름 동안 태어난 곳 근처의 숲 주변에서 활동한다. 여름좀잠자리가 여름에 더 많이 보이는 이유다.

고추잠자리류는 대부분 다 자라면 빨갛게 변한다. 그 점은 고추좀잠자리든 여름좀잠자리든 마찬가지다. 다만 여름좀잠자리가 더 진한 빨강을 띠는 편이다. 특히 수컷은 고추잠자리 중에서도 유독 빨개지며 눈알까지 빨갛게 물든다. 고추좀잠자리와 여름좀잠자리 모두 물 댄 논에서 태어나 가을이면 그곳에서 산란한다. 둘 다 암컷과 수컷이 연결된 채 산란하는데 그 방법은 다르다. 여름좀잠자리는 연결 타공打空산란, 즉 공중에서 알을 낳아 떨어뜨리는 방법을 쓰는 반면 고추좀잠자리는 연결 타수打水산란, 즉 수면을 때려 알을 떨어뜨린다. 산란하는 모습을 보면 어떤 종인지 확인할 수 있다.

산란을 시작하는 시기는 여름좀잠자리가 좀 더 빠르다. 벼가 딱 익었을 무렵 이삭 위를 날아 공중에서 알을 떨어뜨린다. 고추좀잠자리는 수면이 보이지 않으면 산란하지 않는다. 벼가 있을 때는 물이 보이는 논가에 산란하지만 대체로 추수가 끝난 뒤의 빈 웅덩이에 산란한다.

검정

잠자리목 잠자리과
여름좀잠자리
Sympetrum darwinianum

크기 약 40mm
시기 6–11월
분포 한국, 일본, 중국 등

— 우화하고 한 달 정도는 오렌지
  색임

— 다 자라면 온몸이 새빨개짐

암수가 이어진 채 공
중에서 알을 떨어뜨리
는 여름좀잠자리

여름 동안에는 숲 근처에서 지냄. 색은 아직
빨갛지 않음

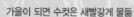

가을이 되면 수컷은 새빨갛게 물듦

된장잠자리

여름 더위가 기승을 부릴 때면 무리 지어 나타나는 잠자리가 있다. 된장잠자리다. 꽤 빠른 속도로 일정 공간을 날아다니며 작은 벌레를 잡아 먹는다. 고추잠자리로 오해받곤 하지만 그보다는 좀 더 크고 속도감이 있다.

된장잠자리는 한랭지를 제외하면 전 세계에 분포한다. 이동성이 강해서 살기 좋은 곳을 찾아 사시사철 무리 지어 이동한다. 잠자리는 대개 일 년에 한두 번 발생하는데 된장잠자리는 성장이 빨라 날이 따뜻하다면 일 년 내내 발생할 수도 있다. 추운 온도에 매우 약하여 겨울에는 일본 대부분의 지역에서 살지 못하고 가을이면 유충이 많이 보이지만 전부 죽고 만다. 겨울에도 살아갈 수 있는 지역은 오키나와 등 극히 일부다.

매년 봄이 되면 일본의 된장잠자리는 남쪽으로부터 날아온다. 규슈 남부에서는 3월 하순경부터 모습을 드러내고 도쿄 등지에서는 6월경부터 수가 늘어난다. 힘들게 일본에 도착하더라도 가을에는 다 죽어 버리니 괜한 걸음을 하지 않으면 좋으련만 분포지를 넓히려고 하는 것은 그들의 본능이다. 덕분에 전 세계로 분포지를 넓힐 수 있었을 것이다.

과거 지구는 따뜻해졌다가 추워지기를 반복했고 현재는 온난화가 문제되고 있다. 추위에 약하긴 하지만 장거리를 이동하는 등 분산 능력이 높은 곤충은 기후 변동에 견디는 힘이 월등히 높다.

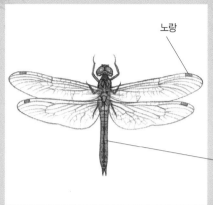

노랑

잠자리목 잠자리과
된장잠자리

Pantala flavescens

크기 약 50mm
시기 4~11월
분포 전국, 일본 홋카이도~오키
      나와, 북반구 열대, 아열대,
      온대 일부 지방 등

다 자라도 빨개지지 않음

참억새에 앉아 쉬는 된장
잠자리

공중에서 먹이를 잡
으면서 무리 지어 이
동하는 된장잠자리

풀잠자리

우담바라라는 말을 들어 본 적이 있는가. 우담화優曇華라고도 하는 그것은 3천 년에 한 번 꽃을 피운다는 상상 속의 식물이다. 꽃이 피면 여래가 이 세상에 강림한다는 전설이 있다. 내가 어렸을 적에는 심심찮게 우담바라 이야기가 나왔다. 지금도 대중적인지는 알 수 없는데 어쨌거나 우담바라는 3천 년에 한 번 피는 꽃으로 피면 좋은 일이 일어난다는 말이 있지만 나쁜 일이 일어날지도 모른다는 믿음 또한 강하다.

많이들 풀잠자리 알을 '우담바라'라고 하곤 한다. 풀잠자리가 가는 실에 매달린 듯한 흰 알을 무더기로 낳기 때문이다. 조금 이상한 모양 탓에 곤충의 알이라기보다 정체 모를 생명체 같아 꺼림직해진다. 뿐만 아니다. 옛날에는 집에 에어컨이 없었기 때문에 여름에 창문을 열어두고 있으면 불빛에 이끌려 들어온 풀잠자리가 실내에 알을 낳았다. 전등갓 같은 데 앉은 모습을 자주 목격하고는 그때마다 불길한 일이 일어날 징조라며 두려워했다.

풀잠자리의 일종인 칠성풀잠자리는 잡으면 고약한 냄새를 풍긴다. 그래서 풀잠자리クサカゲロウ라는 이름이 붙었나 싶다.[*] 많은 종이 초록색을 띠기 때문이라는 설도 있다. 일본어 이름에 하루살이カゲロウ라는 말이 들어가지만 하루살이에 속하는 종은 아니다. 하루살이란 유충 때 물속에 사는 하루살이목 곤충의 총칭을 의미한다.

풀잠자리에는 많은 종류가 있다. 명주잠자리와 함께 풀잠자리목에 속한다. 풀잠자리 유충은 육식을 하는데 대개 해충의 천적으로서 진딧물을 잡아먹어 인간에게 도움을 준다.

---

[*] 일본어 이름에 들어간 쿠사クサ는 동음이의어로 풀草이라는 뜻에 더해 고약하다臭い라는 뜻도 있다.

맥시(풀잠자리)목* 풀잠자리과
풀잠자리(칠성풀잠자리붙이)

Chrysopa pallens

크기 약 20mm
시기 4~9월
분포 한국, 중국, 일본 등에 분포

날아오르는 모습.
앞날개는 올라가고
뒷날개는 내려감

풀잠자리류의 알

먹고 남은 진딧물은 등에 실어 위장

* 脈翅目, 곤충강 풀잠자리목의 한자명. 풀잠자리, 명주잠자리 등이 속한다.

47

대륙에서 찾아온

청솔귀뚜라미

　울음소리를 내는 벌레로는 예부터 솔귀뚜라미, 방울벌레, 여치가 유명하다. 과거 판매되었던 곤충도 대부분 그 세 종류였다. 이제 우는 곤충은 별로 인기가 없는지 키우는 사람이 적다. 팔리는 곤충은 장수풍뎅이나 사슴벌레 정도다.

　따뜻한 지방 야외에서 벌레 소리에 귀를 기울이면 곧잘 솔귀뚜라미의 찌르르 우는 소리가 들려온다. 도심이나 주택가에서 가장 많이 들리는 벌레 소리는 특히 일본 간토 지방의 경우 청솔귀뚜라미 소리일 것이다. 오봉 명절*을 쇠고 선선한 나가노에서 도쿄로 돌아오면 벚나무 가로수에서 쓰르르쓰르르 그리운 소리가 들려온다. 청솔귀뚜라미는 나무 위에 사는 녹색 귀뚜라미의 일종이다.

　청솔귀뚜라미 소리를 의식하게 된 시점은 1960년대이니 1950년대에는 별로 없었던 모양이다. 기록에 따르면 청솔귀뚜라미가 처음 일본에서 발견된 때는 1989년, 도쿄 아카사카 에노키자카에서였다고 한다. 아마 전쟁 때 사방이 불타 수목성樹木性인 청솔귀뚜라미가 한동안 급격히 감소했던 모양이다. 내가 태어난 해는 1947년인데 어린 시절 청솔귀뚜라미의 소리를 들어 본 적이 없는데도 도감에는 실려 있어 열심히 찾아다닌 기억이 있다. 1970년경부터 늘기 시작해 이제 청솔귀뚜라미 소리를 들을 수 없는 장소는 도쿄 내에 별로 없다.

　청솔귀뚜라미는 평생 나무 위에서 산다. 나뭇가지에 알을 슬면 이듬해 유충이 부화하고 그 유충은 8월 말경 성충이 되어 울기 시작한다.

　청솔귀뚜라미의 고향은 중국 남부라는 설이 있다. 지난날 베트남 하노이의 교외에 묵었을 때 숙소 앞 나무에서 '쓰르르쓰르르' 하는 그리운 소리가 들려왔으니 사실인지도 모르겠다.

---

* 한국의 추석에 해당하는 날로 날짜는 매년 양력 8월 15일.

메뚜기목 귀뚜라미과
청솔귀뚜라미

Truljalia hibinonis

크기 약 25mm
시기 8~11월
분포 서울, 경기, 인천, 경남, 제주도, 일본,
중국, 대만 등

— 납작한 모양에 온몸이 옅은 초록색

— 긴 뒷다리

날개를 세우고 울
어 암컷(우)에게
구애하는 수컷

청솔귀뚜라미 유충

 일본에 옛날부터 있었던 솔귀뚜라미

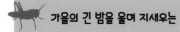

왕귀뚜라미

귀뚜라미는 메뚜기, 여치와 같은 분류에 속한다. 방울벌레, 솔귀뚜라미, 긴꼬리 등과도 같은 분류다. 먼 옛날에는 매미까지 포함해서 우는 벌레는 모두 귀뚜라미라고 불렸다.

생김새는 결코 아름답다고 할 수 없으나 귀뚜라미 소리는 가을의 상징으로서 빼놓을 수 없다. 귀뚜라미가 그늘에 숨어 우는 이유는 뭘까. 인간을 즐겁게 해 주기 위해서는 아니고 동료와의 커뮤니케이션에 꼭 필요하기 때문이다. 그렇다면 그들끼리 어떤 이야기를 나누려는 것일까?

사실 울음소리를 내는 것은 수컷뿐이다. 보통 세 가지 방식으로 운다. 왕귀뚜라미가 낮게 '귀뚜르르' 우는 것은 암컷을 유혹하는 소리고 혼자 '귀뚤귀뚤' 우는 것은 영역을 주장하거나 멀리 있는 암컷을 불러들이는 소리다. '쩌르르' 하고 날카롭고 짧게 우는 것은 다른 수컷과 싸울 때 내는 소리다.

귀뚜라미는 날개를 맞비벼 소리를 낸다. 귀뚜라미라면 꼭 오른쪽 앞날개가 위에 있고 뒷면에는 오돌토돌한 줄 같은 것이 있다. 아래에 있는 왼쪽 앞날개 표면에 발음기라는 돌기가 돋아 있어 그것을 줄에 비비면 소리가 난다. 울 때는 날개를 든다. 몸통과 날개 사이에 생긴 공간에서 공기가 떨려 소리가 확대된다. 바이올린 등 현악기와 같은 원리라고 보면 된다.

울음소리를 듣기 위한 귀도 발달했다. 앞다리 정강이 부분의 작은 구멍에 하얀 고막 같은 것이 달려있다. 그 귀로 같은 종의 소리만 선택해 듣는 것으로 추정되고 있다.

메뚜기목 귀뚜라미과
귀뚜라미(왕귀뚜라미)

Teleogryllus emma

크기   약 30mm
시기   8~10월
분포   한국, 일본, 동남아시아 등

진한 다갈색

붉은 기가
돈다

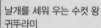
앞다리에 귀가 달린
왕귀뚜라미

날개를 세워 우는 수컷 왕
귀뚜라미

모대가리귀뚜라미의 울음소리는
도시에서도 흔히 들림

51

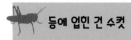
섬서구메뚜기

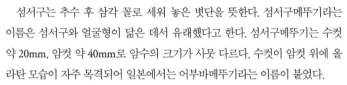

섬서구는 추수 후 삼각 꼴로 세워 놓은 볏단을 뜻한다. 섬서구메뚜기라는 이름은 섬서구와 얼굴형이 닮은 데서 유래했다고 한다. 섬서구메뚜기는 수컷 약 20mm, 암컷 약 40mm로 암수의 크기가 사뭇 다르다. 수컷이 암컷 위에 올라탄 모습이 자주 목격되어 일본에서는 어부바메뚜기라는 이름이 붙었다.

어떤 메뚜기든 교미할 때는 수컷이 암컷 위에 올라타지만 섬서구메뚜기처럼 자주 교미 자세를 취하지는 않는다. 섬서구메뚜기 수컷은 꽤 호색한인지 가만 보면 몇 번에 한 번은 꼭 암컷 위에 올라타 있을 정도다. 교미가 끝난 후에도 계속 등에 머물 때가 많아 어부바한 메뚜기가 자주 목격되는 이유다. 암컷 위에 계속 머물러 자손을 확실하게 남기려는 의지에서 비롯된 습성일 것이다. 수컷을 태운 암컷에게 다른 수컷이 교미를 시도해서 실랑이가 벌어지는 광경도 심심찮게 볼 수 있다.

섬서구메뚜기는 암수의 크기가 꽤 달라서 어미에게 새끼가 업힌 것으로 오해받곤 하는데 섬서구메뚜기는 유충 때 날개가 없다. 위에 탄 것은 작지만 날개를 가진 수컷이다.

다른 메뚜기는 대개 참억새처럼 잎이 가는 외떡잎식물을 먹지만 섬서구메뚜기는 잎이 넓은 쌍떡잎식물을 먹는다. 먹는 식물이 상당히 광범위해서 도심의 공원이나 화단에서도 볼 수 있으므로 인간에게 친숙한 편이다. 방아깨비 같은 대형 메뚜기에 비해 움직임이 둔하고 멀리 뛰어 나가지도 않아 관찰하기 좋다.

메뚜기목 섬서구메뚜기과
섬서구메뚜기

Atractomorpha lata

크기 수컷 약 20–25mm
　　　암컷 약 40–42mm
시기 6–11월
분포 한반도 전역, 중국 북부, 일
　　　본 홋카이도~오키나와 등

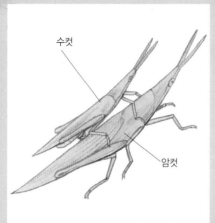

암컷이 수컷보다 두 배는 큼

수컷이 암컷의
등에 타고 있을
때가 많음

갈색형 암컷

성충은 석산이 필 무렵 많이 보인다

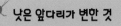

낮은 앞다리가 변한 것

사마귀

사마귀는 벌레를 포획하기 위해 앞다리 모양이 낫과 같은 구조로 되어 있는 사마귀. 마치 다리가 네 개인 것처럼 보인다. 사마귀라는 명칭 하나로 묶기에 사마귀에는 여러 종류가 있다. 일본에는 아홉 종류가 살고 있다. 그중에서 흔히 보이는 것은 왕사마귀, 참사마귀, 좀사마귀, 넓적배사마귀 등이 있다. 사마귀는 원래 따뜻한 지방에 많은 곤충으로, 추운 홋카이도에서는 넷 중 왕사마귀만 볼 수 있다.

왕사마귀와 참사마귀는 무척 닮았다. 구별하기 좋은 방법으로 '화 돋우기'가 있다. 사마귀는 화가 나면 날개를 들어 올려 위협하는 자세를 취한다. 이때 재빠르게 관찰하자. 뒷날개가 갈색이면 왕사마귀, 연한 노란색이면 참사마귀다.

서식 장소도 조금 다르다. 모두 풀숲에 살긴 하지만 왕사마귀는 숲 근처 풀밭에 많고 참사마귀는 논이나 하천처럼 탁 트인 장소에 많다. 좋아하는 환경이 다르기 때문인데 산간지대의 논 등에서는 둘 다 관찰되기도 하므로 논에서 봤다고 해서 무조건 참사마귀라고 단정할 수는 없다.

넓적배사마귀는 얼굴이 귀엽게 생긴 소형 사마귀로 추운 곳에는 적어서 따뜻한 지방 쪽으로 가면 많다. 좀사마귀는 갈색이 도는 수수한 소형 사마귀다. 지표면 근처에 많아서 눈에 잘 띄지 않는다.

사마귀는 육식성으로 다른 곤충을 잡아먹는다. 가끔 교미하려고 접근한 수컷이 암컷에게 잡아먹히기도 한다. 암컷이 더 크고 체격이 좋으므로 수컷에게 교미는 목숨을 건 행위다. 넓적배사마귀의 경우 교미 후 대부분 잡아먹힌다는 말이 있을 정도다.

사마귀목 사마귀과

사마귀(참사마귀)

Tenodera angustipennis

크기 약 80mm
시기 8-11월
분포 한국 전역, 동남아시아, 혼슈~오
키나와, 중국 등

참사마귀는 뒷날개가 옅은 노란색이
고 왕사마귀는 갈색이다

화가 나면 날개를 펼침

여치를 먹는 왕사마귀

작은 좀사마귀는 갈색형만 있음

공원 등에 많은 넓
적배사마귀

55

바퀴벌레는 지구상의 대선배 생물이다. 무려 3억 년 전부터 거의 생김새의 변화 없이 살아왔다. 지구가 여러 번의 대멸종 시대를 거쳤는데도 살아남았으니 바퀴벌레가 얼마나 생존 능력이 뛰어난 곤충인지 알 만하다. 원래 바퀴벌레는 온난한 지역의 산림에서 서식하는데 인간이 집을 짓자 빌붙어 살게 됐다. 그러면서 전 세계로 퍼져 나갔다.

인간의 집에 사는 바퀴벌레는 의외로 많지 않다. 일본의 주택에 많은 것은 먹바퀴와 독일바퀴고 오키나와 같은 남쪽 지역의 시장 등에는 큰 미국바퀴가 많다. 더운 곳이 원산지로 알려진 독일바퀴는 겨울철에는 주로 난방이 되어 따뜻한 음식점 건물 등에 서식한다. 일반 가정의 먹바퀴는 예전보다 줄었다. 에어컨이 보급되어 일 년 내내 창문을 꽁꽁 닫고 사는 집이 많아진 것도 원인 중 하나다. 바퀴벌레는 주로 밤중에 하늘을 날아 실내에 침입한다. 납작한 몸으로 어디든 숨어드는 것이 번영의 비밀이다.

알은 지갑처럼 생긴 난협이라는 알집 속에 들었다. 독일바퀴 등은 알집을 꽁무니에 달고 다니며 알을 보호한다. 랍스터바퀴처럼 부화한 유충을 보호하는 종도 있다. 갓 태어난 유충은 흰개미와 꽤 닮았다. 아닌 게 아니라 바퀴벌레는 흰개미와 같은 바퀴목에 속한다. 바퀴벌레는 집단생활을 하는 종이 많다. 무리 지어 생활하면 성장이 빨라진다고 한다. 하지만 먹바퀴 등은 성충이 되는 데 2년 가까이 걸린다.

바퀴목 왕바퀴과

바퀴벌레(먹바퀴)

Periplaneta fuliginosa

크기 약 25mm
시기 일 년 내내
분포 한국, 중국, 일본 등 (실내
　　 해충)

─ 광택이 도는 짙은 갈색

─ 다리에는 거친 털이 있다

─ 긴 더듬이

부엌의 밉상 먹바퀴

먹바퀴의 난협. 안에 알이 잔뜩 들었음

독일바퀴 수컷과 암컷

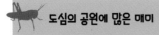
여름이 되면 도쿄에서는 유지매미와 참매미가, 간사이에서는 곰매미가 시끄럽게 울어댄다. 해마다 같은 시기에 어김없이 나타나는데 유지매미의 경우 자라는 데 햇수로 7년, 만으로 6년이 걸린다고 한다. 그렇다면 지금 매미가 울고 있다면 그 개체는 6년 전에 낳은 알에서 나고 자란 셈이다.

여기서 잠깐 짚고 넘어가야 할 것이 있다. 모든 유지매미가 자라는 데 꼬박 6년이 걸린다면 올해의 매미와 작년 매미는 꽤 오래전 선조로부터 각기 다른 유전자를 받았을 것이다. 생식의 격리로 인해 다른 종이 되었다고 해도 이상하지 않은 결과다. 그런데 울음소리도 생김새도 전혀 다르지 않다. 조금 이상하다고 할 수 있는 부분이다.

미국에는 17년 매미니 13년 매미니 하는 종이 있다. 해당 지역에서는 이번 발생 연도부터 다음 발생 연도까지 그 매미를 코빼기도 볼 수 없다. 그들은 정말 13년 혹은 17년에 걸쳐 부모가 된다. 하지만 유지매미와 참매미 등 매년 등장하는 많은 매미 중에는 빨리 자라는 것도 있고 천천히 자라는 것도 있어서 반드시 모든 종이 6년에 걸쳐 자란다고는 할 수 없다.

매미는 산속보다 도시에 사는 게 훨씬 편한 모양이다. 천적이 적고 여름이 더운 것이 최대 요인이리라. 유충 때는 땅속에 있기에 시멘트 등으로 덮인 공원은 안 되고 흙이 많이 노출된 장소여야 한다. 수컷이 울음소리를 내어 암컷을 부른다. 그 소리에 암컷뿐만 아니라 다른 수컷까지 모여드니 매미에게는 그야말로 천국이다. 매미에게 좋은 환경이란 무엇인가 하면 바로 매미가 많이 모인 공원 같은 환경이다.

노린재목 매미과

유지매미

Graptopsaltria nigrofuscata

크기 약 60mm
시기 7-9월
분포 한국 전역, 일본 홋카이도~규슈,
　　　중국, 동남아시아 등

흰 가루를 분비한다

갈색 날개

오키나와에는 유지매미와 꼭 닮은 류큐
유지매미* 가 있음

날개를 조금 펼쳐
우는 수컷 유지매미

털매미는 6월 말부터 7월에 걸쳐 발생

도심의 공원에서 우화한 유지매미

* 류큐는 오키나와의 옛 이름.

참매미

도쿄 도심에서는 여름이 되면 참매미가 시끄럽게 울어댄다. 이제는 장소에 따라 손으로 잡을 수 있을 만큼 많아졌는데 내가 어렸던 50년 전, 적어도 도쿄 도심에는 지금만큼 많지 않았다. 울음소리는 들리는데 나무 높이 앉아 있어서 좀처럼 잡지 못하고 동경하던 매미였다. 아파트 계단을 뛰어 내려갔으나 결국 잡지 못한 일이 추억으로 남아 있다.

전쟁 후 불에 탄 도쿄에 가로수가 심기고 공원에도 나무가 많아지면서 아마 매미도 늘어났을 것이다. 도심의 나무는 원래 그 자리에 있었던 게 아니라 이곳저곳에서 날라져 왔다. 또 나무는 활동이 둔해지는 겨울에서 이른 봄 사이 심기는 경우가 많다. 나무에 딸려 온 참매미 알은 도시에서 한 차례 겨울을 나며 손쉽게 도시로 이주할 수 있었을 것이다. 도쿄의 참매미는 거무스름한 것부터 초록빛이 강하게 도는 것까지 변이가 꽤 많다. 다양한 장소로부터 왔다는 증거다.

서쪽 지역에 많이 분포한 곰매미를 최근 도쿄의 몇몇 곳에서도 볼 수 있었다. 온난화로 북상했다는 말이 있지만 나는 그렇게 생각하지 않는다. 매미에게는 그만한 이동 능력이 없다. 곰매미도 마찬가지로 새로운 나무에 알이 슬어 있었을 것으로 추정된다. 발생과 별개로 퍼지는 데에는 시간이 걸린다. 추운 것을 싫어하는 곰매미가 무사히 퍼진 걸 보면 확실히 도쿄의 겨울 기온이 올라간 모양이다.

노린재목 매미과
참매미

Hyalessa maculaticollis

크기 날개 포함 약 60mm
시기 7–9월
분포 한반도, 중국, 러시아 연해주, 일본 등

녹색인 것부터 거무스름한 것,
노르스름한 것까지 변이가 다양함

도쿄 도심에 많은 밝은 색채의 참매미

시즈오카현보다 서쪽
지역에 많은 곰매미

표준 색채의 참매미

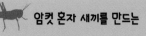

진딧물은 진디라고도 불리며 식물에 붙어살면서 개미를 꾀는 바람에 원예가의 미움을 받는다. 진딧물은 노린재목 곤충으로 매미와 같은 분류에 속한다. 평생토록 바늘 같은 입으로 식물의 즙을 빤다. 매미는 식물이 시들 만큼 해를 끼치진 않지만 진딧물은 무리를 지어 살기 때문에 식물을 시들게 하고 바이러스병을 옮기는 등 해로운 면이 있다.

진딧물은 암컷 혼자 새끼를 낳을 수 있다. 알이 아니라 작은 새끼를 낳는데 이들은 모두 날개 없는 암컷이다. 이를 난태생, 단위생식이라고 한다. 자신의 분신을 낳는 셈이니 참 대단한 능력이다.

새끼 진딧물은 시기 등의 조건에 따라 날개 돋친 성충이 되는데 이는 이동을 하기 위함이다. 같은 식물에 계속 기생했다가 숙주가 시들기라도 하면 끝장이다. 어떤 조건에서 날개 돋친 개체로 자라는지는 아직 완벽하게 밝혀진 바 없다.

가을에 흔히 보이는 솜벌레도 면충이라는 진딧물의 일종이다. 홋카이도에서는 물푸레면충이 유명하다. 여름 동안 분비나무에 기생했다가 눈이 내릴 무렵 들메나무로 이동한다고 한다. 이들은 교미하여 나무껍질 틈새에 알을 슬고, 부화한 유충은 이듬해 봄 들메나무에서 1세대를 보낸다. 가을이면 물푸레면충처럼 교미를 통해 유충이 아닌 알을 낳는 종류가 많다. 이때는 암수 모두 태어나는 듯하다. 진딧물은 일본에 700종 이상 알려져 있고 종에 따라 정해진 식물에 기생하는 경우가 많다.

날개 없는 유형

노린재목 진딧물과
진드기(찔레수염진딧물)

Sitobion ibarae

크기 약 2~3mm
시기 3~10월
분포 한국, 일본, 극동 러시아, 중국 등

초여름 무렵에는 날개 달린 암컷이 많음

솜벌레라고도 불리는
면충류는 가을에 출현

장미에 많은 찔레수염진딧물

밤나무나 졸참나무에 모여있는 밤나무왕진딧물

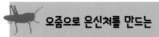

오줌으로 은신처를 만드는
거품벌레

초여름 날 식물에 흰 거품 같은 것이 묻은 모습을 본 적이 있는가? 그것은 거품벌레 유충이 만든 은신처다. 먼저 거품벌레 유충은 식물 줄기에 바늘 같은 입을 꽂아 즙을 빤다. 몸속에 영양분을 농축한 후 남은 수분을 배출하는 것은 매미가 오줌을 쌀 때와 비슷하다. 다만 거품벌레 유충은 오줌을 싸면서 공기를 섞어 거품을 낸다. 마치 비누처럼 거품이 일어나기 시작하는데 오줌에 밀랍 물질이 녹아 있기 때문이다.

거품은 주로 개미로부터 몸을 지키는 은신처가 된다. 거품벌레와 같이 노린재 목에 속하는 뿔매미 중에는 개미에게 배설물을 제공하고 공생 관계를 맺는 종도 많다. 어쨌거나 거품벌레는 자신의 오줌을 방어하기 위해 쓴다. 비누 거품 같아서 안에 침입한 작은 개미 등은 숨을 쉴 수 없다.

어떻게 거품을 만드는지 보고 싶다면 거품 집을 찾아 손가락으로 살짝 닦아 내 보자. 안에 매미 유충처럼 생긴 거품벌레 유충이 몇 마리 숨어 있을 것이다. 가만히 보고 있으면 꽁무니를 거품에서 내밀었다가 넣었다가 하면서 거품을 일으키는 모습을 관찰할 수도 있다.

거품벌레는 거품벌레과 곤충의 총칭으로 대부분의 유충은 거품으로 만든 집 안에서 산다. 거품 속에서 번데기가 되고 이윽고 매미나 매미충을 빼닮은 성충이 된다. 거품벌레 성충은 더 이상 거품 집을 만들지 않지만 식물의 즙을 빨며 생활하는 것은 유충 때와 같다. 거품벌레는 톡톡 튀어 오르는 습성이 있어서 잡으려고 하면 톡 튀어 도망친다.

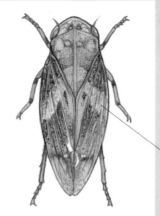

노린재목 거품벌레과
거품벌레(흰띠거품벌레)

Aphrophora intermedia

크기 약 10mm
시기 7~11월
분포 한국 전 지역, 일본 홋카이도~오키나와, 중국, 타이완, 러시아 등

흰 띠

흰띠거품벌레 성충

거품 속에 흰띠거품
벌레 유충이 숨어
있음

거품을 걷어내자
바로 거품을 더 뿜
어내며 숨는 모습

쌍점박이모자매미충

쌍점박이모자매미충은 크기가 5mm 정도인 작은 매미충이다. 매미충은 매미와 같은 분류에 속하는 곤충으로 옆으로 나아가는 습성이 있다. 예전에는 따뜻한 지역에만 산다고 알려졌지만 최근에는 가을의 도심 공원에도 어디선가 나타난다. 온난화의 영향일까.

등에 검은 줄이 쳐진 아름다운 매미충으로 날개 뒤쪽 끝에 검은 눈알 같은 무늬가 있어서 꼬리가 머리처럼 보인다. 그래서 일본에는 꼬리가머리*라고도 부른다. 크기가 컸더라면 멋졌을 것 같다.

곤충의 정식 이름은 보통 학명이라고 하며, 라틴어로 짓는다. 가령 쌍점박이모자매미충의 학명은 '*Sophonia orientalis*'다. 일본식 이름에는 정식 명명법이 없어 꼬리가머리라고 부르는 사람이 더 늘면 그것으로 이름이 자리잡을지도 모른다. 하지만 그 이름만으로는 이 곤충이 매미충에 속한다는 사실을 알 수 없다.

관찰 장소로는 도쿄 도심의 공원이 좋다. 너무 작아서 무작정 찾아 나서면 실패할 확률이 높다. 확실히 찾고 싶으면 어떤 환경을 좋아하고 어떤 식물에 많은지 파악해 두자. 10월경부터 3월경 사이 팔손이나무 잎을 젖히면 이 재미있게 생긴 곤충이 있을 것이다. 겨우내 쭉 그곳에 머무는데 10월부터 12월 중순 무렵까지는 성충만, 1월부터 2월 사이에는 유충과 성충이 모두 발견된다. 11월부터 12월 사이 알을 낳기 때문이다. 여름 동안 어디서 뭘 하는지는 정확히 알려진 바가 없다.

---

* マエムキダマシ, 머리가 달린 곳을 속인다는 뜻

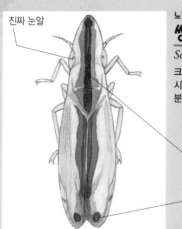

진짜 눈알

노린재목 매미충과
쌍점박이모자매미충

Sophonia orientalis / Nirvana orientalis

크기 약 5mm
시기 10–3월
분포 한국, 일본, 중국, 타이완 등

검은 줄이 돋보임

가짜 눈알

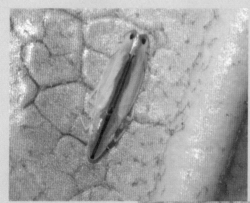

겨울에 팔손이 잎 뒤에 머
물던 성충

이른 봄 팔손이 잎 뒤에
많이 보이는 유충

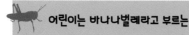
끝검은말매미충

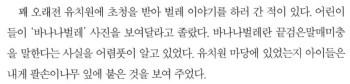

꽤 오래전 유치원에 초청을 받아 벌레 이야기를 하러 간 적이 있다. 어린이들이 '바나나벌레' 사진을 보여달라고 졸랐다. 바나나벌레란 끝검은말매미충을 말한다는 사실을 어렴풋이 알고 있었다. 유치원 마당에 있었는지 아이들은 내게 팔손이나무 잎에 붙은 것을 보여 주었다.

도쿄 시내에서도 공원에 팔손이나무가 있으면 대체로 가을철에 볼 수 있다. 주로 잎 뒤에 있어서 어른에게는 잘 안 보이지만 키가 작은 어린이에게는 곧잘 눈에 띄는 모양이다. 바나나벌레란 가늘고 긴 몸에 푸른 바나나 같은 색이 돌아 누군가가 붙인 별명이리라. 이토록 인기가 많다면 반응이 괜찮을 것 같아서 『나는 바나나벌레』라는 책을 만들기로 했었다.

벌레의 생활사를 사진에 담으려고 했더니 의외로 모르는 부분이 많았다. 너무 흔한 종이라 제대로 키워 본 사람이 아무도 없었던 것이다. 결국 1년 안에 촬영을 마치지 못해서 제작에만 2년이 걸렸다. 심지어 책은 전혀 팔리지 않았다. 일부 유치원을 빼면 별로 인기가 없던 모양이다.

생각해 보면 끝검은말매미충은 매미와 아주 가까운 종이다. 유충과 성충 모두 식물의 즙을 빨며 사는 것까지 똑같다. 유지매미는 성충이 되는 데 장장 7년이 걸린다. 그러니 몸집은 작아도 유충기 성장에 세 달쯤 걸리는 것은 당연한지도 모른다. 잎에 붙은 알에서 깨어난 유충은 8월 말에서 9월 사이에나 겨우 종령 애벌레가 된다. 일본에서 성충을 많이 볼 수 있는 시기는 4월 하순 무렵부터다. 즉 연 1회 발생하는 개체다. 겨울엔 볼 수 없는데 성충인 채로 월동에 들어가기 때문이다. 성충은 수명이 약 아홉 달에 달하는 장수 곤충이다.

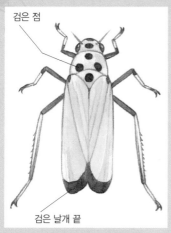

검은 점

검은 날개 끝

노린재목 매미충과
끝검은말매미충

Bothrogonia ferruginea

크기 약 13mm
시기 성충 기준 4월 무렵
분포 한반도 전역, 일본 혼슈~규슈, 중국,
대만 등

유충은 여름에 볼 수 있음

도심 공원의 팔손이나무 잎에 앉은
끝검은말매미충

산란하는 끝검은말매미충

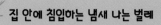

집 안에 침입하는 냄새 나는 벌레

노린재

11월쯤 되면 실내에 노린재나 무당벌레가 들어오곤 한다. 이들은 대체로 전망이 좋고 햇볕이 잘 드는 남서향 집을 선호하는데 매년 찾는 집이 거의 정해져 있다. 동료가 풍기는 냄새에 민감하여 지난해 냄새까지 맡을 수 있기 때문이다. 하지만 그 냄새는 인간에게는 고약할 뿐이다. 최근에는 미국으로 유입되어 과수류 등에 심각한 피해까지 입혀 해충으로서 인간의 미움을 받고 있다.*

노린재는 왜 집안에 들어올까? 월동할 곳을 찾아 날아오는 것이다. 양지바른 곳을 찾아 이동했다가 저녁이 되면 기온이 내려가서 집 안에 숨어드는 식이다. 집에 숨은 노린재는 벽 틈새에 모여 겨울을 난다. 난방을 하면 겨울에도 기어나올 텐데 이때 무심코 밟기라도 하면 지독한 악취가 날 것이다. 사실 노린재가 월동할 때 겨울에 기온이 올라가는 것은 별로 좋지 않다. 기온이 0℃ 전후로 안정된 곳이 필요하다.

노린재의 냄새는 가슴 아랫면의 냄새샘에서 발생한다. 몸에서 분비되는 액체가 원인인데 공기에 닿으면 순식간에 기화되어 악취로 변한다. 노린재를 잡으면 손가락이 노란색이나 갈색으로 변할 때가 있다. 바로 그 액체가 묻었기 때문이다.

노린재 가운데 집 안에 들어오는 종은 그리 많지 않다. 특히 고약한 냄새로 미움받는 종류로 썩덩나무노린재, 무당알노린재, 스코트노린재 등이 유명하다. 웬만해선 노린재를 막을 순 없다. 노린재가 월동을 위해 고른 집이니 우리 집이 따뜻하고 안전하다는 뜻이다, 하고 포기하는 편이 좋다.

---

* 국립생물자원관, 한반도생물자원포털, 2014.

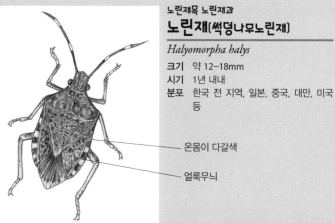

노린재목 노린재과

노린재(썩덩나무노린재)

Halyomorpha halys

크기 약 12–18mm
시기 1년 내내
분포 한국 전 지역, 일본, 중국, 대만, 미국 등

— 온몸이 다갈색

— 얼룩무늬

무리 지어 겨울을 나는 무당알노린재

집 안에 들어 온 썩덩나무 노린재

알을 지키는 에사키뿔노린재가 날개를 펄럭이면서 고약한 냄새를 풍겨 개미를 내쫓고 있음

제 2 장

야산과 풀밭에 사는
곤충들

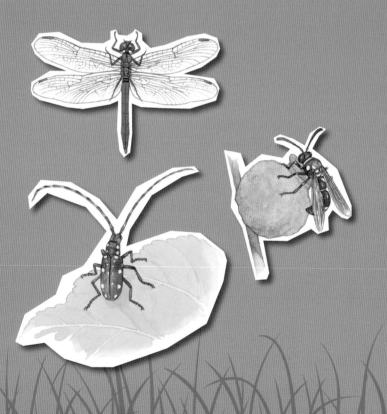

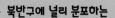

산호랑나비

산호랑나비는 유럽부터 북미까지 북반구에 널리 분포하는 나비다. 호랑나비류 중에서는 해안에서 높은 산 정상에 이르기까지 가장 광범위하게 볼 수 있다. 다만 햇볕이 잘 드는 풀밭 같은 환경을 좋아해서 도심 한복판에는 호랑나비나 남방제비나비보다 그 수가 적다. 내 어린 시절에는 도쿄 도심에도 흔했는데 요즘에는 하천부지 등을 빼면 거의 보이지 않는다.

호랑나비와 무척 닮았지만 적지 않은 차이를 보인다. 호랑나비는 앞날개 뿌리가 줄무늬인데 산호랑나비는 검게 칠해져 있다. 날개 전체가 황색빛이 돌고 앞날개 중실에 황백색 줄무늬가 없어 쉽게 구별된다. 뒷날개 안쪽에 붉은 점이 있다는 점도 호랑나비와 다른 점이다.[*]

산호랑나비 애벌레는 미나리과 식물이라면 거의 다 먹는다. 고원에서는 당귀류, 해안에서는 갯강활에 애벌레가 있고 밭에 심긴 당근이나 파슬리에 붙어 있을 때도 있다. 도시에서 수가 줄어든 이유는 미나리과 식물이 적은 것과 관계가 있다. 최근에 온난화의 영향이 있겠지만 원래 북쪽 국가에 사는 나비이므로 더운 곳은 별로 좋아하지 않는다는 특징이 있다.

이른 봄날 높직한 언덕 위에 오르면 산호랑나비가 모여 있을 것이다. 전망 좋은 장소의 풀 위에 앉아 있는 것도 있는 반면 지치지도 않는지 계속 원을 그리며 나는 것도 있다. 후자는 모두 수컷인데 암컷이 있을 법한 장소를 점유하려고 하는 것이다. 그러다 자기 영역에 침입하는 나비가 있으면 매섭게 쫓아간다. 그게 암컷이면 구애가 시작되지만 다른 나비이거나 수컷이라면 격렬한 싸움으로 번진다.

* 국립생물자원관, 생물다양성 디지털 정보 구축 및 관리, 2022.

나비목 호랑나비과
산호랑나비

Papilio machaon

크기 봄형 앞날개 길이 약 40mm
여름형 앞날개 길이 약
40–50mm
시기 봄형 4–6월, 여름형 7–10월
분포 한반도 전역, 극동러시아,
중국 동부, 일본 등

날개 뿌리가 검정이라 다른
호랑나비와 구별됨

아름다운 청람색
반달모양 무늬

파드득나물 등 미
나리과 식물을 먹
는 애벌레

원추리 꽃의 꿀을 빠는 암컷

꿀 섭취

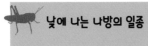

꼬리박각시

공중에 멈춘 채 긴 주둥이로 꽃의 꿀을 빠는 이상한 곤충을 본 적이 있는 가? 꽃에서 꽃으로 엄청난 속도로 이동하며 꿀을 빤다. 대체로 날개를 펴면 5cm쯤 되어, 나는 모습이 팔랑팔랑하다는 표현과는 거리가 멀다. 마치 벌처럼 직선으로 나는 이것은 꼬리박각시로 나방의 일종이다. 꼬리박각시에도 여러 종류가 있는데 그냥 꼬리박각시도 있는가 하면 벌꼬리박각시, 작은검은꼬리 박각시 같은 것도 있다.

박각시과 나방의 일종이지만 일반 박각시가 야행성인 데 반해 꼬리박각시 류는 낮에 활동한다. 꼬리박각시에 속하는 종은 일본 전역에 살며 대부분 한 해에 두 번 발생한다. 주로 봄부터 가을에 많이 관찰된다. 날개에 갈색빛이 도 는 것은 꼬리박각시나 작은검은꼬리박각시 등이고 날개가 투명한 것은 줄녹 색박각시나 황나꼬리박각시다.

꼬리박각시를 보고 벌로 오해하는 사람이 많다. 붕 하는 날갯소리가 벌을 연상케 한다. 한편 꼬리박각시를 벌새로 착각하는 경우도 있다. 벌새는 중남 미에 사는 작은 새다. 꽃 앞에 멈춰 꿀을 빨기에 꼬리박각시와 생태가 아주 비 슷하다.

꼬리박각시가 공중에 뜬 모습을 고속 비디오 카메라로 촬영하면 앞날개와 뒷날개를 함께 움직이는 것을 알 수 있다. 앞뒤로 움직이는 동시에 위아래로 도 날갯짓한다. 옆에서 보면 마치 가로로 눕힌 8자 즉 ∞ 기호를 그리는 듯하 다. 아마 전진하지 않고 공중에 떠 있기 위해 중력과 양력이 평형을 이루도록 날개를 움직이는 것 같다.

나비목 박각시과
꼬리박각시

Macroglossum stellatarum

크기 날개편길이 40~74mm
시기 6~10월
분포 한반도 북부, 중남부, 북한,
　　　일본 홋카이도~오키나와,
　　　중국, 몽골, 러시아 등

— 연한 갈색

— 오렌지색

— 희끗한 무늬

초여름 엉겅퀴 꽃을
찾은 꼬리박각시

등이 연한 초록색인 작은검은꼬리박각시

멕시칸세이지 꽃의 꿀을 빠는 벌꼬리박각시는 도시에도 많음

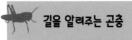

길앞잡이

길앞잡이는 과명이자 종명으로 20종 이상 있는 길앞잡이과 딱정벌레를 두루 일컫는 동시에 그중 가장 크고 아름다운 종 하나를 가리킨 것이기도 하다. 개체 수가 많지 않아 보전 가치가 크다.

길앞잡이류는 육식 곤충이다. 개미 등 작은 곤충을 잡아먹는다. 먹잇감을 재빨리 포획해야 하므로 움직임이 민첩하기 그지없다. 땅에 앉은 것이 보여서 사진을 찍으려고 해도 대개 그전에 달아난다.

길앞잡이라는 이름은 습성 때문에 붙었다. 산길을 걷다 보면 앞으로 날아와서 조금 가다가 내려앉고, 또 조금 가다가 내려앉는 행동을 반복하는데 그 모습이 마치 길을 알려주는 것만 같다. 그렇지만 양달을 좋아해서 그늘로 갔다 싶으면 되돌아온다. 길을 안내하는 것 같다고 해서 너무 집요하게 쫓아가면 그대로 길을 벗어나 다른 가장자리 식물에 앉아 버리기도 한다.

길앞잡이가 먹이를 사냥하는 모습을 살펴보자. 벌레가 올 만한 곳에서 진을 치다가 벌레가 가까이 오면 민첩하게 다가가 크고 날카로운 큰턱으로 포획하는 것을 알 수 있다. 유충은 단단한 지면에 수직으로 작은 굴을 파고 그 속에서 산다. 유충도 육식성이며 먼저 납작한 머리로 굴 입구를 막고 사냥감을 기다린다. 인간이 다가가면 순식간에 굴속으로 들어가 휑하니 구멍만 남지만 개미 등이 지나가면 굴에서 상반신을 쭉 내밀어 날카로운 큰턱으로 포획한다. 등에는 혹이 있어 굴 벽에 걸리므로 웬만하면 먹잇감에 딸려 나가지 않는다. 깊앞잡이를 잡을 때는 이렇게 해야 한다. 유충의 굴 안에 가는 풀을 넣으면 먹잇감인 줄 알고 콱 물었다가도 밖에 버리려 하니까 이때를 노려 바로 잡아당기자.

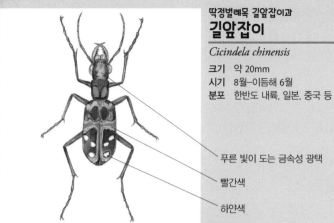

딱정벌레목 길앞잡이과
길앞잡이

Cicindela chinensis

크기 약 20mm
시기 8월–이듬해 6월
분포 한반도 내륙, 일본, 중국 등

푸른 빛이 도는 금속성 광택

빨간색

하얀색

햇볕이 잘 드는 지면에서 먹잇감을 기다리는 길앞잡이

굴에 숨어 먹잇감을 기다리는 유충

좀길앞잡이는 구리색인 것부터 초록색인 것까지 변이가 많음

벌집에서 크는

가뢰

봄에 산과 들을 걷다 보면 땅 위를 느릿느릿 가는 크기 2~3cm의 통통한 남색 곤충과 맞닥뜨릴 때가 있다. 그것이 가뢰다. 가뢰는 날개가 퇴화하여 날 수 없는 딱정벌레목 곤충이다. 건드리면 노란색 즙을 내뿜는데 독이 오를 수 있으니 발견하더라도 맨손으로 만지지 않는 게 좋다.

가뢰는 봄과 가을에만 지상에 나타나므로 볼 수 있는 시기가 한정되어 있다. 다른 시기에는 도대체 뭘 하며 지내는지 수수께끼였는데 의문을 푼 사람은 바로 유명한 곤충학자 파브르다. 놀랍게도 가뢰 유충은 꿀벌도 아니면서 꿀벌류에 달라붙어 벌집으로 이동한다. 그 속에서 벌이 모은 꽃가루를 가로채 성장한다.

가뢰류는 곤충 중에서도 알을 많이 낳기로 손꼽힌다. 예전에 작은가뢰(가칭)*의 산란 장면을 관찰한 적이 있는데 무려 3시간 동안 5000개나 되는 알을 낳았다. 한 번에 낳는 수로는 아마 곤충 중에서 가장 많을 것이다. 부화한 가뢰 유충은 풀을 타고 꽃 속에 숨어 벌이 오기를 기다린다. 운 좋게 꽃에 꿀벌이 찾아오면 그 몸에 달라붙어 벌집으로 이동한다고 한다. 집에 돌아온 벌이 알을 낳는 순간 알 위에 내려 앉는다. 벌이 언제 꽃에 찾아올지 모르므로 무사히 벌집에 다다르는 것은 매우 힘든 일이다. 도중에 죽는 유충이 대부분이기에 많은 알을 낳게 되지 않았나 싶다. 유충은 벌집 안에서 꿀과 꽃가루를 먹고 성장한다. 사실 일본 가뢰류 대부분은 자세한 생활사가 알려지지 않았다.

* 한국에 정식으로 등록되지 않은 종. *Meloe coarctatus*의 일본명을 직역함. 이하 가칭은 모두 해당 학명으로 표기

딱정벌레목 가뢰과
가뢰(둥글목남가뢰)

Meloe corvinus

크기 약 11~27mm
시기 이른 봄 혹은 가을
분포 한국 · 일본 · 중국 · 극동 러시아 등

— 금속성 광택이 도는 남색

— 둥그스름한 몸

둥글목남가뢰

작은가뢰 수컷. 암컷의 냄새를 맡기 위해 더듬이가 커졌음

수천 개의 알을 낳는 작은가뢰

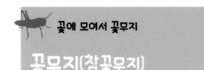
꽃무지(참꽃무지)

꽃무지는 꽃에 모여 꿀이나 꽃가루를 먹는 딱정벌레다. 풍이와 함께 풍뎅이 과에 속한다. 다른 풍뎅이류는 초저녁부터 밤까지 활동하는데 꽃무지는 대낮 에 밝은 장소에서 활동한다. 꽃무지라는 종이 따로 있기도 하지만 일반적으로 꽃무지류 곤충의 총칭으로 쓰일 때가 많다.

애초록꽃무지는 꽃무지 중에서도 가장 흔한 소형종으로 초봄에 자주 보인 다. 6월경에 낳은 알은 곧 부화하여 가을이면 성충이 되는 경우가 많다. 가을 에 우화한 성충은 짧은 활동기를 거친 후 땅속에 들어가 월동하고 이듬해 봄 에 교미하여 산란한다. 꽃무지류는 주로 소형 종이라면 성충으로, 대형일 경 우엔 유충으로 월동한다. 다만 환경이나 종에 따라 수명이 일 년 이내인 것과 이 년에 달하는 것으로 나뉘는 듯하다.

풍이라는 종은 꽃보다 나무즙을 좋아하는데, 꽃무지 중에서도 점박이꽃무 지 같은 대형종은 나무나 과일에 모인다. 꽃무지는 풍이와 마찬가지로 앞날개 를 아주 조금밖에 펼 수 없으므로 뒷날개를 세차게 움직여 난다. 앞날개로는 부력을 얻을 수 없으니 에너지 소비량이 높다. 그래서 영양가가 높은 꿀을 먹 는지도 모른다.

앞날개가 펴지는 풍뎅이 등 다른 딱정벌레류에 비하면 뒷날개를 세차게 움 직이기에 나는 속도가 빠르고 방향 전환도 자유롭다. 꽃 위에 착지할 때는 제 자리에서 날며 천천히 내려온다. 그래서 다치기 쉬운 꽃 위에도 사뿐히 내려 앉을 수 있는 것이리라.

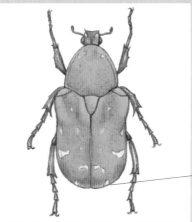

딱정벌레목 풍뎅이과
꽃무지

Cetonia pilifera

크기 약 16-20mm
시기 4~11월
분포 한국 · 일본 · 중국 등, 시베
　　 리아 남동부 등

청색꽃무지와 비슷하나 배쪽
에 희끗한 털이 많음

아름다운 청색꽃무지

점박이꽃무지는 대형종으로 주로
나무즙에 모임

봄에 많은 애초록꽃무지

울도하늘소

나의 작업실이 위치한 고모로 주변에는 뽕밭이 많다. 나가노현(신슈)에서는 누에를 많이 쳤으니 그럴 만도 하다. 약 20년 전 고모로에 작업실을 마련했을 적에는 아직 누에를 치는 농가가 있었으나 그 후 꾸준히 줄어들어 현재는 양잠 농가가 거의 없다. 그래서 그 많은 뽕밭이 그냥 방치되어 있다.

여름날 뽕밭에 가면 하늘소가 많은데 그것이 울도하늘소다. 긴 수염을 근사하게 기른 멋쟁이로 별수염하늘소라고도, 한국 울릉도에 많이 분포하여 한국에서는 울릉도하늘소로도 불린다. 도시의 울도하늘소는 무화과나무에 노상 붙어 있고 무화과나무는 일반 가정집 마당에 많아 옛날부터 울도하늘소를 흔히 접할 수 있었다. 유충은 무화과나무 혹은 뽕나무의 속을 파먹고 자라기에 간혹 큰 피해를 입힌다. 옛날에는 뽕밭의 해충으로서 미움을 받았으나 지금은 아무도 눈길조차 주지 않는다. 그래서인지 뽕밭에서 활개를 치고 있다. 어린이들의 놀이 상대라도 되어 준다면 그건 그것대로 좋겠지만 어린이들은 장수풍뎅이나 사슴벌레에는 열광하는 반면 어쩐지 하늘소에는 별로 흥미가 없는 눈치다.

뽕나무는 내버려 두면 상당히 크게 자란다. 그러다 보니 울도하늘소 외에 뽕나무하늘소나 호랑하늘소라는 종도 꼬이기 시작했다. 호랑하늘소는 특유의 모습을 말벌처럼 의태, 위장하는 희귀한 종이므로 내겐 기쁜 일이다. 양잠 농가의 골칫거리였던 곤충이 꼬여도 이상하게 시들어 죽는 뽕나무가 별로 없다. 자연환경이 양호하고 벌레를 먹는 새도 많아 균형이 일정하게 유지되는 모양이다.

특히 긴 수컷의
더듬이

노란 점이 많음

딱정벌레목 하늘소과
울도하늘소
Psacothea hilaris

크기 약 19–30mm
시기 7–9월
분포 우리나라 경상북도 운문산,
울릉도 등, 일본, 중국, 타이
완 등

뽕나무 잎에 앉은 울도하늘소

울도하늘소처럼 민가 부근에
자주 보이는 대형 알락하늘소

큰 뽕나무에 있는 호랑하늘소가
벌을 의태한 모습

뒤영벌

털이 보송보송한 것이 귀엽게 생긴 뒤영벌은 사람들에게 꽤 사랑받고 있다. 뒤영벌은 일본에 15종이 사는데 뒤영벌이라는 종은 없고 저마다 말뒤영벌이니 좀뒤영벌이니 하는 고유명을 가졌다. 뒤영벌류는 여왕 혼자 월동을 하고 이른 봄 땅속에 집을 짓는다. 스스로 큰 굴을 파는 것은 힘들기에 쥐나 두더지의 옛집을 이용할 때가 많은 듯하다. 새끼가 태어나면 꿀벌처럼 산란에 전념하여 9월경에는 개체 수가 꽤 불어난다.

뒤영벌의 털이 수북한 몸에는 꽃가루가 잘 붙어서 식물이 효율적으로 수분된다. 그래서 작물을 수분시키는 데 이용되는 경우도 있다. 과거 일본에는 온실 토마토의 수분에 좋다는 이유로 서양뒤영벌이라는 유럽 종이 사육 및 판매된 적이 있다.* 그런데 도망쳐 나온 서양뒤영벌이 홋카이도에서 곤란한 문제를 일으켰다. 재래종인 삽포로뒤영벌과 교잡하여 다른 뒤영벌을 몰아낸 것이다. 아마도 서양뒤영벌과 삽포로뒤영벌은 원래 같은 종이었던 모양이다. 홋카이도에 격리된 서양뒤영벌이 삽포로뒤영벌로 변이한 것이다.

외래생물 이용은 가끔 이런 문제를 일으킨다. 특히 같거나 비슷한 종이 일본에 이미 있으면 문제가 일어난다. 물론 아예 없던 곤충이라고 해서 문제를 일으키지 않으리라는 보장은 없다. 다만 가까운 종끼리는 교잡해서 일본에 원래 살던 곤충의 유전자를 교란시킬 우려가 있다. 조금 효율이 떨어져도 수분에는 각자 국산 벌을 이용하길 바라는 마음이다.

---

* 1991년 시즈오카현 농업시험장에서 처음 도입. 2006년 외래생물법에서 특정외래생물로 지정하여 규제.

벌목 꿀벌과
뒤영벌(어리뒤영벌)

Bombus diversus

크기 약 20mm
시기 4~9월
분포 한국, 일본 등

— 붉은 기가 도는 노랑
— 털이 많음

홋카이도 특산종인
삽포로뒤영벌

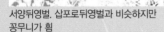

서양뒤영벌. 삽포로뒤영벌과 비슷하지만
꽁무니가 흼

어리뒤영벌

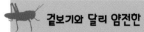

어리호박벌

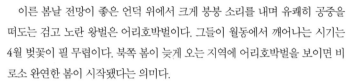

이른 봄날 전망이 좋은 언덕 위에서 크게 붕붕 소리를 내며 유쾌히 공중을 떠도는 검고 노란 왕벌은 어리호박벌이다. 그들이 월동에서 깨어나는 시기는 4월 벚꽃이 필 무렵이다. 북쪽 봄이 늦게 오는 지역에 어리호박벌을 보이면 비로소 완연한 봄이 시작됐다는 의미다.

겉보기에는 크고 무시무시하게 생겼지만 먼저 공격해 오는 법이 없으니 안심해도 된다. 공중에 떠 있는 것은 암컷이 오기를 기다리는 수컷뿐이다. 벌의 침은 산란관이 변화한 것이므로 암컷에게만 있다. 암컷은 꿀벌보다도 훨씬 얌전해서 손으로 잡거나 하지 않는 이상 쏘지 않는다. 수컷은 다른 수컷을 마주할 때에야 영역 다툼으로서 엄청난 기세로 쫓아간다. 언덕 위에서 가장 전망 좋은 장소를 점유하는 놈은 힘이 센 수컷이다. 인간이 다가가도 별로 겁내지 않고 도리어 눈앞에서 붕붕대니 쏘지 않으리라고 알고 있지만 그래도 좀 무섭다.

어리호박벌을 말벌과 혼동하는 사람도 있을 텐데 말벌은 노랗고 까만 줄무늬가 쳐진 대형종이다. 큰 덩치 탓에 다른 종으로 오해를 받곤 한다.

어리호박벌이 먹는 것은 꽃의 꿀과 꽃가루다. 큰 벌이다 보니 꿀을 빨 때 꽃 밑에 구멍을 뚫어 꿀을 마실 때가 있다. 도움을 받아 수분을 하고 싶을 뿐인 꽃에게는 별로 달갑지 않은 행동이다. 하지만 콩과의 꽃이나 호박꽃 등 어리호박벌을 수분에 이용하는 식물도 여전히 많다.

벌목 청줄벌과
어리호박벌
Xylocopa appendiculata

크기 약 20mm
시기 5–8월
분포 한국 중부 이남, 일본 홋카
      이도~규슈, 중국 등

노란 털

검고 털이 별로 없다

진달래꽃에 구멍을
뚫어 꿀을 빠는 모습

높직한 언덕 위에서 제자리를 나는 어리호박벌

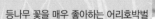

등나무 꽃을 매우 좋아하는 어리호박벌

사냥벌

꿀벌이나 말벌 때문에 모든 벌은 무리 지어 산다는 이미지가 있지만 혼자 사는 벌도 많다. 사냥벌이란 정식 학명은 아니고 사냥하는 습성을 가진 벌을 의미하며, 나나니 등의 구멍벌과, 대모벌 등의 대모벌과, 호리병벌 등의 호리병벌과를 아우르는 총칭이다. 그들은 유충을 위해 다른 곤충을 사냥하고 거기에 알을 낳은 뒤 혼자 살아간다는 특징이 있다.

사냥감은 벌의 종류에 따라 꽤 엄밀히 정해져 있다. 나비 애벌레를 사냥하는 나나니, 거미를 사냥하는 대모벌이 유명한데 어떤 종은 진딧물을 사냥하는가 하면 또 어떤 종은 벌이나 여치를 사냥한다. 독침으로 사냥감을 쏘지만 죽이지는 않고 신경절에 독침을 찔러 넣어 마비시키는 고도의 테크닉을 구사한다. 그것을 발견한 사람은 『곤충기』로 유명한 파브르다. 죽으면 썩어 버리므로 유충의 먹이로 적절하지 않다는 생각으로부터 실험을 거듭한 끝에 사냥벌들이 사냥감을 마비시킨다는 사실을 증명했다.

나나니나 대모벌은 지면에 판 굴에 사냥감을 넣고 알을 낳은 뒤 어디론가 사라져 버린다. 호리병벌아과 종도 마찬가지로 반죽한 흙으로 호리병 모양의 집을 짓고서 사냥감이 모이면 문을 닫은 뒤 어디론가 사라진다. 독침을 맞아 마취 상태라지만 사냥감은 그리 오래 살지 못할 것이다. 한편 사냥벌 유충이 자라는 속도는 무척 빠르다. 이삼 일 만에 부화해서 일주일쯤 후면 먹이를 먹어 치우고 번데기가 될 준비를 한다.

독침은 잡아 먹을 때도 아니고 마취를 시키려고 쓴다니 이상하다. 애당초 어떻게 남의 애벌레를 파먹는 습성을 가지도록 진화했는지 참으로 불가사의한 일이다. 어떤 학습에 의한 결과라고 보기는 어렵고 본능이라고 밖에 설명이 안 된다. 생존 확률이라는 것을 생각해 보면 생존이나 자손 번식에 적합하지만은 않은 모습이다. 이에 파브르는 다윈과 친했지만 진화론에는 비판적인 의견을 내놓았다고 한다.

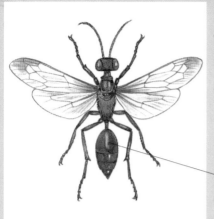

벌목 구멍벌과
사냥벌(조롱박벌)

Sphex argentatus

크기 약 25mm
시기 7〜9월
분포 한국, 일본, 중국 북동부, 중앙 아시아, 아프리카 등

온몸이 검정

거미를 사냥하는
대모벌

애벌레를 옮기는 나나니

굴을 파는 나나니

호리병벌

진흙으로 빚어진 작은 옹기가 나뭇가지나 풀에 매달린 광경을 보곤 한다. 호리병 모양의 옹기를 빚은 것은 호리병벌이라는 벌이다. 호리병벌은 누가 가르쳐 주지도 않는데 날 때부터 옹기 빚는 법을 안다.

어미 호리병벌은 집터로 쓰기 좋아 보이는 장소를 발견하면 우선 물웅덩이 같은 곳에서 물을 마신다. 그다음 지면에 내려앉아 물을 토해서 흙을 반죽하고 집터로 나른다. 그 작업을 여러 번 반복하여 아름다운 옹기를 완성한다. 크기가 1.5cm 정도로 작은 점호리병벌은 옹기를 빚는 데 두 시간쯤 걸린다. 크기가 좀 더 큰 미카도호리병벌(가칭)*은 반나절쯤 걸려 옹기를 완성한다.

옹기는 육아를 위한 방이다. 옹기가 완성되면 옹기 안에 꽁무니를 밀어 넣고 알을 한 개 낳는다. 알은 실 같은 것으로 옹기 안에 매달아 놓는데 다음 작업에서 알을 터뜨리지 않기 위함이다. 그 후 작은 나비 애벌레를 잡아 옹기 안에 모은다. 여러 번 사냥에 나서는데 옹기 안이 애벌레로 가득 찰 때까지 작업은 이어진다. 점호리병벌의 경우 애벌레를 13마리나 잡아 넣었다. 작은 애벌레를 어쩜 그렇게 연달아 발견할 수 있는지 그 능력에 항상 놀란다. 옹기 안 벽에 알을 낳으면 아마 먹잇감으로 들고 온 애벌레를 채워 넣을 때 알이 짓눌려 터질 것이다. 갓 낳은 알은 작은 충격에도 손상되기에 실로 매달아 놓았을 것이다. 사냥이 끝나면 마지막으로 다시 진흙 덩어리를 날라 와 옹기 입구를 막고 어디론가 날아가 버린다. 그 안에서 부화한 유충은 성장이 매우 빨라서 열흘쯤 뒤면 번데기가 된다.

* *Eumenes micado*

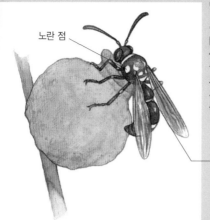

노란 점

가는 허리

벌목 말벌과
호리병벌
(미카도호리병벌(가칭))

Eumenes micado

크기 약 10~15mm
시기 7~9월
분포 일본 홋카이도~규슈 등

주택 벽에 지은 집에 산란
하는 미카도호리병벌

진흙으로 호리병 모양의 옹기를 빚는
미카도호리병벌

사냥감을 날라 와 집에 넣는 점호리병벌

개미벌

이름에 개미와 벌이 모두 들어가는 곤충이다. 개미가 형용사 역할을 하므로 벌목에 속한다. 이름이 재미있어서 어린 시절부터 좋아했는데 그때는 까맣고 작은 벌이라면 다 개미벌인 줄 알았다.

개미벌은 개미벌과에 속하는 곤충의 총칭이다. 수컷은 다른 벌과 마찬가지로 날개가 있지만 암컷은 날개가 없어서 땅을 기어 다닌다. 빨갛거나 노란 무늬가 들어간 것이 많은데 예쁜 개미라며 손으로 잡았다가는 큰코다친다. 암컷은 다른 벌처럼 독침을 가졌기 때문이다.

암컷이 땅 위를 기는 것은 사냥감을 찾기 위함이다. 사냥감은 주로 꿀벌의 애벌레나 번데기인데 꿀벌류들은 땅에 굴을 파서 집을 지으니 그 집을 찾는 것이다. 그런데 사냥 목적이 먹이 섭취가 아닌 산란에 있다. 이게 무슨 말일까?

내 작업 현장에서는 게이트볼장에 가면 쉽게 개미벌을 볼 수 있다. 그곳은 모래밭으로 꼬마꽃벌이 집을 짓고 산다. 암컷은 한없이 기어 다니다가 이윽고 꼬마꽃벌의 집에 들어간다. 종종 수컷 개미벌이 찾아와서 암컷에게 교미를 시도한다. 수컷은 암컷보다 몸집이 크고 생김새도 딴판이다. 처음에는 개미벌을 습격하는 다른 벌인 줄 알았다. 여기서 부화한 유충은 사냥감을 먹고 성장한다. 하지만 게이트볼장을 파헤칠 순 없는 노릇이므로 유충을 본 적은 없다.

개미벌류는 일본에 17종이 서식하는데 생태가 알려진 종이 적다. 그래서 흥미로운 생김새와 라이프 스타일을 가졌는데도 아직 미지의 곤충으로 남아있다.

벌목 개미벌과
개미벌(구주개미벌)

Mutilla mikado

크기 약 13mm
시기 4-8월
분포 한국, 일본, 중국 등

날개가 없음

크림색

수컷(우)은 날개가
있고 몸집도 큼

개미벌 암컷은 개미와 꼭 닮았으나
독침이 있어 잡으면 쏘임

짱구개미

늦가을에서 이른 봄 사이 뜻밖에 이 개미를 발견하고 참 부지런하다고 감탄하는 사람이 있을지 모르겠다. 짱구개미는 그 시기에만 활동할 뿐이다. 가을부터 겨울까지 땅 위로 모습을 드러내어 풀 이삭만 전문적으로 모으는 수확개미인 것이다. 반면 다른 개미가 활발히 활동하는 초여름에서 여름까지는 이들의 모습을 볼 수 없다. 그때 짱구개미는 굴을 꽁꽁 틀어막고 땅속에서만 생활하기 때문이다. 짱구개미의 집은 땅속 깊이 수직으로 이어지는데 무려 5m에 달하는 것도 있다고 한다. 수 미터 아래의 땅속은 일 년 내내 온·습도 변화가 적어서 냉난방이 되는 맨션에 사는 느낌일지도 모르겠다.

짱구개미는 다른 개미에 비해 동작이 아주 굼뜨다. 먹이는 풀 이삭이므로 사냥하다 놓칠 염려는 없다. 얼굴을 바짝 촬영하면 다른 개미와 달리 큰턱이 마치 가위처럼 생겼다. 그 입이라면 이삭을 쉽게 딸 수 있을 것이다. 땅속에 잎을 잘라 모아 버섯을 재배하는 남미의 가위개미도 큰턱이 가위 모양인데 좀 더 토속적인 느낌이다. 역시 대규모 농경 국가의 개미답다.

굴로 통하는 구멍 근처를 보고 있으면 입에 낟알을 문 일개미가 속속 등장하는데 그냥 지켜보기만 해도 재미있다. 지체 없이 굴로 들어가는 것도 있는가 하면 다 와서는 자꾸 머뭇대며 온 길을 되짚어가기도 하고 다같이 한꺼번에 들어가려고 해서 좁은 갱도가 막힐 때도 있다. 땅속에 모인 이삭은 발아하지 않고 이듬해까지 신선함을 유지한다고 한다. 개미집 안은 곡물을 저장하는 냉장실 같은 환경을 갖추고 있을까.

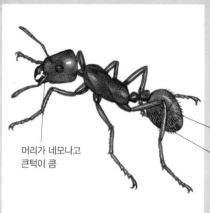

벌목 개미과
짱구개미

Messor aciculatus

크기 수컷 약 5mm,
　　 암컷 약 7–9mm
시기 9–4월
분포 한국, 일본, 중국 등

— 두 개의 마디

— 털이 많음

머리가 네모나고
큰턱이 큼

풀 이삭을 따는 짱구개미

풀 이삭을 나르는 짱구개미

민들레 씨를 나르는 짱구개미

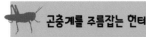

파리매

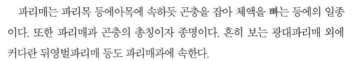

파리매는 파리목 등에아목에 속하듯 곤충을 잡아 체액을 빠는 등에의 일종이다. 또한 파리매과 곤충의 총칭이자 종명이다. 흔히 보는 광대파리매 외에 커다란 뒤영벌파리매 등도 파리매과에 속한다.

파리매의 사냥은 잠복형으로 전망 좋은 나뭇가지 끝 등에 앉아 주변을 감시하는 것으로 시작한다. 약 2m 앞의 작은 곤충이 날아가기만 해도 곧장 쫓아가는 걸 보면 시력이 무척 좋은 듯하다. 곤충의 겹눈은 움직이는 것을 보는 데 적합한 구조다. 작은 홑눈이 모여 하나의 겹눈을 이룬다. 각각의 눈에 비치는 풍경은 조금씩 차이가 있다. 그 차이를 이용해서 사냥감이 나는 속도 등을 순식간에 계산하는 모양이다.

간혹 자신보다 큰 곤충을 잡아먹을 때가 있다. 벌이나 잠자리 같은 포식성 곤충도 파리매에게 잡히곤 한다. 공중에서 벌레를 포획하면 부둥켜안은 채 근처 가지나 잎에 앉아 오래도록 체액을 빤다. 다리는 매우 길고 강인하며 몸에 가시 같은 털이 잔뜩 나 있는 덕분에 잡은 벌레를 놓치지 않을 수가 있다.

대형종인 왕잠자리류와 함께 사냥꾼으로서 곤충계 투톱이다. 비행 능력과 뛰어난 시력, 곤충을 포획하는 데 적합한 다리 구조 등 모든 게 완벽할 정도로 발달했다.

파리목 파리매과
파리매

Promachus yesonicus

크기 약 25mm
시기 6~8월
분포 한국 중부 이남, 일본 등

— 털이 많음
— 하얀색

꿀벌을 잡은 왕파리매

풍뎅이의 체액을 빠는
파리매

하늘소를 잡은 파리매

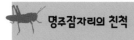

뿔잠자리

뿔잠자리는 기묘한 곤충이다. 날개가 투명하고 모습도 잠자리를 닮았지만 더듬이는 긴 곤봉 형태다. 마치 나비의 더듬이 같은 것이 길게 드리워졌는데 그 모양새 때문에 뿔잠자리라는 이름이 붙었음을 알 수 있다. 가슴이나 얼굴 주위를 보면 털이 잔뜩 나 있어서 그 특징도 일반 잠자리와 꽤 다른 모습이다. 앉은 자세 또한 일반 잠자리와는 사뭇 다르다. 활동 중에는 날개를 펴고 앉지만 쉴 때는 지붕 모양으로 접고 앉는다.

사실 뿔잠자리는 개미귀신의 부모인 명주잠자리와 가까운 종이다. 둘 모두 풀잠자리목이라는 분류에 속하는 곤충이며 풀잠자리류는 대부분 야행성이다. 일본에는 3종의 뿔잠자리가 있다. 뿔잠자리, 큰뿔잠자리, 노랑뿔잠자리다. 뿔잠자리와 큰뿔잠자리는 야행성이지만 아름다운 노랑뿔잠자리는 맑은 날 낮에만 나는 괴짜다. 노랑뿔잠자리는 5월부터 6월까지 쨍하게 맑은 날에만 활동한다. 풀밭 위를 날아다니며 작은 곤충을 잡아먹는다. 날개를 폈을 때의 크기는 5cm 정도며 한국의 중부와 남부, 일본 혼슈와 규슈에 살지만 수가 줄어든 지역이 많다.

뿔잠자리류는 마른 풀 등에 알을 무더기로 낳는다. 알에서 깨어난 유충은 땅으로 내려온다. 개미귀신과 달리 집을 짓진 않지만 생김새는 판박이다. 돌 밑에 숨었다가 먹이를 잡을 때면 지면을 배회하며 곤충을 잡아먹는다. 노랑뿔잠자리는 성장이 느려서 성충이 되는 데 2년이 걸린다고 한다. 유충 시절이 길어서 그동안 풀밭이 사라져 버리면 삶의 터전을 잃는 등 핸디캡이 있다.

풀잠자리목 뿔잠자리과
뿔잠자리

Ascalohybris subjacens

크기   몸길이 약 30mm
시기   5–9월
분포   한반도 중·남부, 중국, 일본, 대만 등

끝이 뭉특함

긴 더듬이

황갈색. 큰뿔잠자리는 검은색

한낮에 쉬는 큰뿔잠자리

노랑뿔잠자리 유충

날개가 아름다운
노랑뿔잠자리

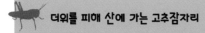

고추좀잠자리

 고추잠자리라는 종이 있긴 하지만 고추잠자리는 대개 고추좀잠자리나 여름좀잠자리처럼 빨간 잠자리의 총칭이다. 그중에서도 가장 친숙한 종은 고추좀잠자리다. 그들은 6월 말부터 7월 초 논에서 우화하며 추수가 끝난 후 논에서 산란한다. 고추잠자리류의 주식은 작은 곤충이다. 특히 논에서 나고 자라는 고추좀잠자리 등은 해충을 잡아먹기 때문에 농업의 든든한 조력자라고 할 수 있다.

 10월에 접어들면 논마다 벼를 말리는 광경이 눈에 띈다. 비 온 뒤 맑게 갠 날 오전이면 추수가 끝난 논에 고추좀잠자리 두 마리가 서로 연결된 채 속속 날아든다. 산란을 위해 논을 찾은 커플인데 그중 앞에 있는 것이 수컷이고 뒤에 있는 것이 보통 암컷이다.

 논 안에서 웅덩이를 찾아 수컷이 몸을 푹 꺾으면 암컷이 꼬리 끝으로 수면을 내리쳐서 알을 낳는다. 가을마다 논에 나타나는 고추좀잠자리는 대개 그 지역에서 태어난 개체라고 한다. 우화 직후 논을 떠나 서늘한 고원에서 여름을 보내고 날이 시원해지면 빨갛게 물든 채 자신들이 태어난 고향 경작지를 향해서 산으로부터 내려온다.

 알은 건조한 환경을 견딘 끝에 이듬해 논에 물이 차면 부화하고 6월 말에서 7월 초에는 잠자리가 된다. 인간은 논을 만들어 고추좀잠자리 같은 빨간 잠자리가 살기 좋은 환경을 늘려 왔고, 고추좀잠자리는 인간이 만든 논이라는 수역에 자신들의 생활을 맞추는 데 멋지게 성공했다. 곤충으로서 겨울의 물 빠진 논에서 살아가기란 무척 힘들기 때문에 유충으로 겨울을 나는 잠자리는 경쟁 상대도 적다.

잠자리목 잠자리과
고추좀잠자리

Sympetrum frequens

크기 몸길이 약 42mm
시기 6–11월
분포 한국 전역, 일본, 중국, 몽골
　　　등

성숙해도 눈은 별로 빨개지지
않음. 여름좀잠자리는 눈까지
빨개짐

미성숙기에는 노란색

여름을 고원에서
보내면 빨개지는
고추좀잠자리

여름에는 먹이가 풍부한 고원에서 지냄.
몸은 아직 노란색

비 온 다음 날 추수가 끝난 논에
가면 산란하는 모습을 볼 수 있음

---

* 현재 통용되고 있는 종명과 국명: *Sympet rum frequens*는 고추좀잠자리, *Sympet rum depress
iusculum* 는 대륙고추좀잠자리다.

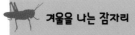
묵은실잠자리

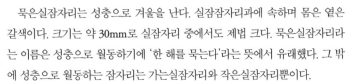

묵은실잠자리는 성충으로 겨울을 난다. 실잠자리과에 속하며 몸은 옅은 갈색이다. 크기는 약 30mm로 실잠자리 중에서도 제법 크다. 묵은실잠자리라는 이름은 성충으로 월동하기에 '한 해를 묵는다'라는 뜻에서 유래했다. 그 밖에 성충으로 월동하는 잠자리는 가는실잠자리와 작은실잠자리뿐이다.

묵은실잠자리는 초여름 날 논이나 연못에 자란 식물에 알을 낳는다. 여름 끝자락에 우화한 성충은 곧장 숲 근처로 이동하여 물가에 자주 보이는 때는 초여름뿐이다. 가을이나 초봄에는 숲 근처 양달에 많은데 그 사실을 모른다면 생각지도 못한 곳에서 실잠자리를 보고 놀랄 수 있다.

몸 색깔은 수수한 연갈색이라서 마른 풀 등에 앉으면 어디로 갔나 찾아야 할 만큼 눈에 띄지 않는다. 주된 활동 시기가 가을과 봄이기에 주변 환경마저 갈색빛이다. 몸 색깔이 수수하고 튀지 않아 적의 눈을 속이는 데는 제격이다.

비교적 따뜻한 지역에서는 겨울에도 기온이 오르는 날 종종 나타난다. 마른 가지에 앉은 모습을 볼 수가 있다. 하지만 추운 지역에서는 12월부터 1월 사이 한겨울이면 바람을 피해 썩은 나무 틈이나 나뭇잎 더미에 파고들어 겨울을 난다. 쾌적한 장소에서는 종종 단체로 월동하여 여러 마리가 한꺼번에 발견된 적도 있다.

묵은실잠자리와 닮은 가는실잠자리도 성충으로 겨울을 난다. 생활 방식도 비슷한데 이름처럼 다소 몸이 가늘고 배가 길다. 산란 시기가 되면 가는실잠자리 수컷은 몸의 푸른빛이 강해져 묵은실잠자리보다 아름답다.

잠자리목 청실잠자리과
묵은실잠자리

Sympecma paedisca

크기 배 길이 약 30mm
시기 3-12월
분포 제주도와 울릉도를 뺀 한국
　　　전역, 일본, 중국, 몽골 등
전체가 옅은 갈색

가는실잠자리는 묵은실잠자리와
무척 닮았으나 수컷의 경우 시간이
지나면 파랗게 됨

가는실잠자리는 겨울에
갈색, 초여름이면 파랗게
바뀜. 사진은 산란하는
모습

물 위로 드러난 풀에 산란하는
묵은실잠자리

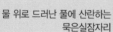

썩은 나무 안 등에서 월동하는 묵은실잠자리

낮에 활동하는

여치

햇볕이 내리쬐는 여름날 풀밭에서 '씨룩 씨르룩' 우렁차게 운다. 여치과 곤충은 야간에 활동하는 종이 많지만 여치는 몇 안 되는 주행성 곤충이다.

야외에서 여치를 발견하기란 의외로 어렵다. 녹색, 갈색 몸은 풀숲에 있으면 눈에 잘 띄지 않는다. 소리는 들리는데 모습이 보이질 않는 것이다. 풀 위에 올라타서 울 때가 많지만 무척 예민해 금세 땅 위로 내려앉는다. 풀 사이를 잽싸게 이동하므로 다가가면 이미 그 자리에 없을 때가 많다. 샛길이 딸린 작은 풀밭이라면 반대편에서 다가가 밖으로 몰아내 보는 편이 좋다.

요즘에는 키우는 사람이 거의 없지만 여치는 일본으로 말하면 에도시대 1603-1867년부터 대표적인 우는 벌레로 사랑받아 왔다. 여치를 한 마리씩 대나무 통에 넣어 처마 끝에 매달면 한 놈이 울기 시작할 때 다른 놈도 경쟁하듯 운다. 별로 듣기 좋은 소리는 아니지만 주거니 받거니 하는 모습이 재미있다. 여치는 매우 키우기 쉽다. 가다랑어포나 마른 멸치, 오이, 가지 등을 주면 오래 산다.

홋카이도에는 긴날개여치라는 별난 종이 있는데 혼슈나 규슈의 여치도 최근에는 두 종류로 나뉜다. 아오모리현부터 오카야마현 사이에 분포하는 동쪽여치(가칭)[*]와 긴키 지방에서 규슈에 걸쳐 분포하는 서쪽여치(가칭)[**]다. 동쪽여치는 날개가 짧으나 서쪽여치는 긴 것이 특징이다. 몸집도 서방여치가 좀 더 크다.

베를 짤 때의 베틀이 움직이는 소리와 비슷하게 운다는 베짱이도 여치과 곤충인데 그 역시 밭베짱이(가칭)[***]와 숲베짱이(가칭)[****]로 나뉜다.

---

[*] *Gampsocleis mikado*
[**] *Gampsocleis buergeri*
[***] *Hexacentrus unicolor*
[****] *Hexacentrus japonicus*

메뚜기목 여치과

여치[동쪽여치(가칭)]

Gampsocleis mikado

크기 약 35mm
시기 7~9월
분포 일본 혼슈~규슈 등

검은 점

동쪽여치는 날개와 배 길이가 비슷함. 서쪽여치는 날개가 더 김

날개나 몸통에 갈색이 도는 것도 많음

배가 통통함

다리에 거친 털이 많음

울고 있는 여치

우화하는 암컷 여치. 마지막 탈피를 하면 날개 달린 성충이 됨

숲베짱이

일반적으로 벼메뚜기라고 하면 벼메뚜기족 벼메뚜기속의 메뚜기를 가리키는데 실은 벼메뚜기에도 여러 종류가 있다. 무려 8가지로 분류되는데 논에 가장 많이 보이는 종은 잔날개벼메뚜기다. 논 웅덩이에 많고 이름처럼 날개가 짧다. 암컷의 날개는 배 끝까지 오지도 않는다. 잔날개벼메뚜기는 에조메뚜기로 불릴 때도 있다. 'Oxya yezoensis'라는 학명에 '에조'라는 말이 포함되어 있기 때문이다. 그렇다고 해서 추운 지방에 많은 건 아니고 일본 전역에서 발견되는 편이다. 한편 일본벼메뚜기라는 종도 꽤 많이 볼 수 있다. 일본벼메뚜기는 날개가 길며 잔날개벼메뚜기보다 조금 더 날씬하고 작다. 논 웅덩이에도 있지만 축축한 풀밭에 더 많은 듯하다.

어린 시절 가족과 소풍 겸 벼메뚜기를 잡으러 간 적이 있다. 그때 잡은 벼메뚜기는 프라이팬에 볶아 먹었다. 일본이 가난하여 단백질이 부족하다 보니 조금이라도 영양소를 섭취하고 싶었던 할머니의 제안이었다. 벼메뚜기를 보면 언제나 그때 생각이 난다.

벼메뚜기를 먹는 문화는 일본뿐 아니라 아시아에 꽤 널리 퍼져 있다. 벼가 있으면 벼메뚜기가 생기는데 잡아먹으면 해충도 없애고 일석이조다. 일본에서 벼메뚜기는 단백질원이 부족하기 쉬운 산간지대 등에서 예부터 귀한 먹거리였다. 나가노현에는 곤충을 먹는 문화가 있었기 때문인지 지금도 슈퍼 같은데 가면 벼메뚜기조림을 볼 수 있는데 그나마 요새는 판매점이 급격히 줄어든 느낌이다. 역시 어렸을 적 벼메뚜기를 먹어 본 경험이 없으면 벌레를 먹는 게 내키지 않을지도 모르겠다.

* 홋카이도의 옛 이름

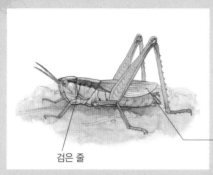

메뚜기목 메뚜기과

벼메뚜기
(잔날개벼메뚜기)

Oxya yezoensis

크기 약 35mm
시기 8~11월
분포 일본 홋카이도~규슈

잔날개벼메뚜기의 날개는 배보다 짧음. 일본벼메뚜기는 날개가 다리보다 김

검은 줄

흙 속에 산란하는 잔날개벼메뚜기

날개가 긴 일본벼메뚜기

교미하는 잔날개벼메뚜기

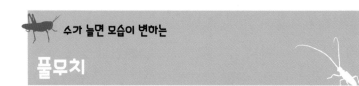

풀무치를 일본명으로 바꾸면 '영주님메뚜기'다. 이름만 보면 일본에서 제일 큰 메뚜기일 것 같지만 실은 그렇지 않고 방아깨비가 더 크다. 그래도 영주님 이라는 이름에 걸맞게 대형 암컷은 7cm에 가깝고 체구도 다부져서 일본 제일 의 메뚜기라고 해도 좋을 것이다.

풀무치는 햇볕이 잘 드는 풀밭이나 강가에 서식한다. 활발히 날아다니므로 적당히 넓은 들판을 좋아한다. 녹색인 것과 갈색인 것이 있는데 녹색인 것은 풀숲에 있으면 눈에 띄지 않는다. 가까이 갔다가 날갯짓 동작에 비로소 존재 를 알아차릴 정도니 그들을 포획하기란 여간 어려운 것이 아니다.

그런데 풀무치를 낚을 수 있는 재미있는 방법이 있다. 암컷을 발견한 수컷 의 달려드는 습성을 이용하는 것이다. 7cm쯤 되는 나뭇조각에 실을 달아 풀무 치 가까이 던지면 풀무치가 위에 올라탄다. 일단 달려들면 끌어당겨도 한동안 은 떨어지지 않으므로 민첩한 풀무치를 간단히 잡을 수 있다. 갓 나왔을 무렵 에는 아직 성 성숙이 덜해 반응이 둔하지만 암컷이 많이 나오는 9월 말경에는 재미있을 만큼 잘 낚인다.

풀무치는 가끔 무더기로 발생한다. 유충 때 무리 지어 살면 뇌에서 코라조 닌이라는 호르몬이 생성되어 일반적인 갈색보다 어두워지고 날개도 길어진 다. 이를 장시형이라고 한다. 일반 풀무치와 다른 종처럼 변신하는, 날개가 긴 형태의 풀무치는 집단행동을 하며 비행 능력이 뛰어나다는 특징이 있다.

세대를 거듭할수록 종종 떼 지어 식물을 먹어 치우면서 장거리를 이동하는 군집형으로 변모한다. 한국에서는 2014년 전남 해남군에서 풀무치가 대발생 한 적이 있는 등 농작물에 심각한 피해를 끼쳐 공포를 불러일으킨다.

풀무지

Locusta migratoria

크기 수컷 약 40mm
       암컷 약 60mm
시기 6~11월
분포 한국, 일본, 구북구 전역, 아
       프리카 등

── 오렌지색
── 온몸이 갈색인 개체도 많음

교미하는 풀무지
(위가 수컷)

갈색형 암컷

집단으로 사육하면 날개가 길어짐
(다마동물원多摩動物園)

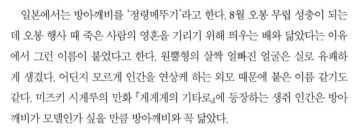

방아깨비

일본에서는 방아깨비를 '정령메뚜기'라고 한다. 8월 오봉 무렵 성충이 되는데 오봉 행사 때 죽은 사람의 영혼을 기리기 위해 띄우는 배와 닮았다는 이유에서 그런 이름이 붙었다고 한다. 원뿔형의 살짝 얼빠진 얼굴은 실로 유쾌하게 생겼다. 어딘지 모르게 인간을 연상케 하는 외모 때문에 붙은 이름 같기도 같다. 미즈키 시게루의 만화 『게게게의 기타로』에 등장하는 생쥐 인간은 방아깨비가 모델인가 싶을 만큼 방아깨비와 꼭 닮았다.

방아깨비는 수컷과 암컷의 크기 차이가 상당하다. 수컷은 5cm 정도지만 암컷은 날개 끝까지 치면 거의 10cm이고 더듬이까지 포함하면 15cm 정도이니 여간 큰 게 아니다. 체격 면에서는 옹골찬 풀무지에 비해 호리호리하지만 메뚜기과 곤충 중에서는 일본 최대다.* 7월 초 무렵부터 성충이 되어 10월 초까지 볼 수 있다.

양지바른 풀숲에 서식하며 날 때 따닥따닥 소리를 내어 따닥깨비로도 불린다. 소리는 수컷만 낸다는 주장도 있지만 암컷도 날 때 소리가 난다. 암컷은 별로 날지 않아서 보지 못했을 뿐이다. 따닥거리는 소리는 다리와 날개의 마찰음인데 어쩌면 번식행동에도 도움이 될지 모른다.

방아깨비는 숨바꼭질의 명수이기도 하다. 녹색인 것, 갈색인 것, 녹색과 갈색이 섞인 것이 있는데 풀숲에 앉아 있으면 발견하기 힘들다. 하지만 풀무지보다는 공략하기 쉽다. 놀라면 금세 날아오르고 메뚜기류치고 느려서 일단 찾기만 하면 어린이라도 간단히 잡을 수 있다.

---

* 봄베이 메뚜기*Patanga succincta*도 암컷은 8cm 정도이며 체구가 다부져서 최대라는 평가를 받는다.

곧게 뻗은 더듬이

긴 다리

메뚜기목 메뚜기과
방아깨비
Acrida cinerea

크기 수컷 약 40mm
　　　암컷 약 80mm
시기 6–10월
분포 한반도 전역, 일본, 중국 등

색은 녹색부터 갈색까지 다양함

녹색형은 풀 위에 있으면 눈에 띄지 않음

마른 풀 위에 있어 눈에 띄지 않는 갈색형 방아깨비

익살스러운 얼굴의 방아깨비

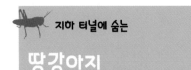

지하 터널에 숨는

땅강아지

언뜻 봐서는 어떤 분류에 속하는지 알 수 없는 땅강아지는 귀뚜라미와 가까운 종이다. 습한 장소, 특히 논 근처에 많다. 수컷은 땅속에서 '지이익' 하고 운다. 땅속에서 지렁이가 운다는 사람이 있는데 실은 땅강아지가 내는 소리다.

땅강아지는 지렁이나 작은 벌레뿐만 아니라 풀뿌리도 먹는 잡식성 곤충으로 희귀한 생물은 아니지만 볼 기회가 적다. 땅 밑에 살면서 좀처럼 땅 위로 올라오지 않기 때문이다. 보통은 땅속 터널 안에서 지낸다. 땅강아지의 몸은 땅속 생활에 알맞은 둥그스름한 원통형으로 터널 속을 지나다니기 좋다. 앞다리는 흙을 파면서 나아가기 편하게 두더지 손 같은 형태로 변화했다.

겉모습은 둔중해 보이지만 행동 범위가 의외로 넓고 운동 능력도 상당하다. 터널 속에서 자유자재로 전진하고 후퇴한다. 터널은 폭이 좁아 유턴할 수 없다. 세로 굴과 가로 굴이 있어 방향을 바꿀 때는 갈림길의 굴에 꽁무니를 밀어 넣는다. 마치 스위치백switchback 같은 방식이다.

흙을 파는 건 특기 중의 특기인데 터널 안에서뿐만 아니라 밖에서도 속도가 꽤 빠르다. 논에서 헤엄치는 땅강아지를 보면 몸에 난 잔털 덕분에 물위에 떠 있다. 큰 앞다리를 물갈퀴처럼 써서 헤엄도 잘 치는 곤충이다. 날 수 있을 것 같지 않지만 뒷날개가 제법 커서 하늘을 날아 물로, 땅으로, 하늘로 이동할 수 있다. 불빛에 날아들 때도 있다. 마치 SF 영화에 나오는 이동 수단 같다.

메뚜기목 땅강아지과

땅강아지

Gryllotalpa orientalis

크기 약 30mm
시기 4~10월
분포 한국, 일본 등 아시아와 유
럽 전역

짧은 앞날개

두더지처럼 흙을
파는 데 편리한 앞다리

터널을 파며 흙 속을
나아가는 땅강아지

땅강아지의 앞다리는 흙을
파는 데 알맞은 모양새

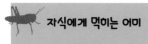

집게벌레

집게벌레는 집게벌레목 곤충으로 꽁무니에 사슴벌레처럼 집게가 달린 것이 특징이다. 날개가 있어 날 수 있는 것도 있으나 대체로 돌 밑이나 낙엽 밑에 숨어 있다. 육아하는 동안 어미가 돌 밑 등에 구멍을 파서 알이나 새끼를 돌보는 것으로 유명하다. 집게벌레는 바퀴벌레와 가까운 불완전변태 곤충이므로 유충이 부모와 비슷하게 생겼다.

혹집게벌레는 이른 봄에 자식을 키운다. 3월경 강가의 돌을 들추면 알을 지키는 어미벌레를 볼 수 있다. 알과 함께 잡아 와 흙과 돌이 담긴 사육통에 넣으면 돌 밑에 집을 짓고 알을 나른다. 흙이 잔뜩 묻었던 알은 순식간에 깨끗해진다. 어둡고 축축한 곳에 사는 만큼 알이 상하기 쉬우므로 어미벌레가 살뜰히 위치를 조정하고 핥아 준 덕이다.

개미라도 넣어 보면 혹집게벌레는 꽁무니의 집게로 잡아 물리친다. 어미 집게벌레의 대단한 점은 보육하는 동안은 먹이를 전혀 먹지 않는다는 것이다. 이윽고 유리 세공품처럼 사랑스러운 유충이 잔뜩 태어난다. 그 무렵 어미는 힘이 바닥나 기진맥진한 상태다. 어찌어찌 유충을 돌보지만 어느덧 운명의 순간이 온다. 아직 살아 있는데도 자식들은 달려들어 어미를 먹는다.

처음에는 몸을 움직여 등에 올라탄 유충을 떨치려고 하지만 어느새 어미는 힘이 빠진다. 결국 스스로 날개를 들어 올려 물어뜯기 좋은 연한 부분을 유충에게 내보인다. 그곳을 뜯으라고 말하는 듯하다. 유충들은 끝내 어미의 몸을 먹어 치우고 삼삼오오 새로운 세계로 여행을 떠난다.

집게벌레목 집게벌레과

집게벌레(혹집게벌레)

Anechura harmandi

크기 약 15mm
시기 2~11월
분포 한국 · 일본 · 중국 · 러시아 등

다갈색

노란색

집게를 움직일 수 있음

부화한 유충을 지키지만
머지않아 유충에게 먹힘

알을 보살핌

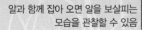

알과 함께 잡아 오면 알을 보살피는
모습을 관찰할 수 있음

제 3 장

야산과 잡목림에 사는 곤충들

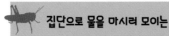
산제비나비

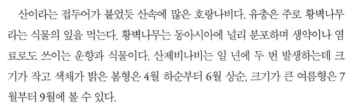

산이라는 접두어가 붙었듯 산속에 많은 호랑나비다. 유충은 주로 황벽나무라는 식물의 잎을 먹는다. 황벽나무는 동아시아에 널리 분포하며 생약이나 염료로도 쓰이는 운향과 식물이다. 산제비나비는 일 년에 두 번 발생하는데 크기가 작고 색채가 밝은 봄형은 4월 하순부터 6월 상순, 크기가 큰 여름형은 7월부터 9월에 볼 수 있다.

계곡 기슭의 모래밭이나 강가 숲길에 여러 마리의 산제비나비가 내려앉아 물을 마실 때가 있다. 자세히 보면 목을 축이는 동시에 오줌을 싸고 있다. 오줌에는 나트륨염이 함유되어 있기 때문이다. 그런 식으로 물에 녹은 나트륨 등 미네랄을 섭취한다. 산제비나비뿐만 아니라 모든 호랑나비가 이러한 모습을 보이는데 물을 마시러 모이는 것은 이상하게 전부 수컷이다.

산제비나비가 많은 곳이 있는 반면 적은 곳이 있다. 아마 토양에 포함된 나트륨 때문이리라. 나트륨이 많은 곳에는 한 마리가 물을 마시면 주변을 날던 다른 수컷도 덩달아 착지하기에 이따금 수십 마리의 군집이 형성된다.

어느 날엔가 물을 마시다 차에 치인 산제비나비 주위로 수컷이 잔뜩 모여 있었다. 가까이 갔더니 놀라서 일제히 날아올랐으나 잠시 후 다시 제자리로 돌아왔다. 동료의 색에 민감해서 죽은 개체의 색에도 끌리는 것이다. 과거 대만에는 나비를 잡아 공예품을 만드는 공장이 있었다. 산제비나비뿐은 아니었고 다양한 나비의 수컷이 쓰였다. 나비 채집 현장에서는 죽은 나비와 인간의 오줌을 미끼로 나비를 불러 모은다.

나비목 호랑나비과
산제비나비
Papilio maackii

크기 봄형 앞날개 길이 약 40mm
      여름형 앞날개 길이 약
      60mm
시기 4~9월
분포 한반도 전역, 일본 홋카이도
      ~규슈, 중국 동부 등

밝은 띠

수컷은 이 부분에 벨벳 형태의
성표* 가 있음

습한 길 위에서 물을
마시는 봄형 수컷

단체로 물을 마시는 여름형 수컷

원추리 꽃의 꿀을 빠는 암컷

* 性標, 이성에게 자신의 존재를 알리기 위해 지닌 표지

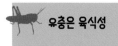

유충은 육식성

바둑돌부전나비

바둑돌부전나비는 이상한 나비다. 나비 애벌레라면 보통 식물의 잎을 먹는데 바둑돌부전나비 애벌레는 육식을 한다. 부전나비류 중에는 진딧물을 먹는 민무늬귤빛부전나비나 코토쿠뿔개미 집에 들어가 유충을 먹는 고운점박이푸른부전나비 등이 있는데 애벌레 전 기간에 걸쳐 완전히 육식만 하는 종은 적어도 일본에서 바둑돌부전나비뿐이다.

날개의 무늬가 인상 깊다. 앞면은 새까맣지만 뒷면은 흰 바탕에 검은 물방울무늬다. 그 무늬가 바둑돌 같아서 바둑돌부전나비라는 이름이 붙었다.

바둑돌부전나비 유충은 조릿대나 대나무에 붙은 일본납작진딧물이나 대나무솜진딧물(가칭)*을 먹는다. 평지에서 해발 약 2000m에 이르기까지 진딧물이 많이 생긴 조릿대가 있으면 볼 수 있다. 일본납작진딧물이 사는 조릿대 잎 뒷면은 진딧물이 내뿜는 밀랍 물질로 하얗게 변한다. 그런 조릿대 주변에는 바둑돌부전나비가 잔뜩 날고 있다.

바둑돌부전나비 성충의 먹이도 특이하다. 부전나비류는 대개 꽃의 꿀을 빠는데 바둑돌부전나비가 꽃을 찾는 모습은 본 적이 없다. 주된 먹이는 조릿대 잎 뒷면에 사는 진딧물의 배설물이기 때문이다. 그래서 진딧물이 발생하는 이상 바둑돌부전나비가 조릿대를 떠나는 일은 거의 없다고 보면 된다.

희귀한 나비는 아니지만 진딧물이 잔뜩 생긴 조릿대 주변에만 있고 어디서나 매우 좁은 범위에 발생하므로 좋은 장소를 찾지 못하면 쉽게 목격할 수 없다.

---

* *Pseudoregma bambucicola*

나비목 부전나비과
바둑돌부전나비
Taraka hamada

크기 앞날개 길이 약 12mm
시기 5~10월
분포 한반도 중·남부 국지적 분
포, 일본 홋카이도~규슈,
중국, 미얀마 등

흰 바탕에 검은 점이 있음

날개 앞면은 다갈색

날개 뒷면에는 바둑돌 같은
무늬가 있음

일본납작진딧물의 집단에 산란

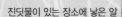

진딧물이 있는 장소에 낳은 알

참나무산누에나방

참나무산누에나방은 날개를 옆으로 펼치면 약 15cm에 달하는 종이다. 일본에서는 홋카이도에서 오키나와에 걸쳐 잡목림에 서식하고 유충은 큰 애벌레 형태로 상수리나무나 졸참나무 등의 잎을 먹는다. 고치에서 질 좋은 명주실을 뽑을 수 있어 사육하는 곳도 있다. 성충은 일 년에 한 번 8월에 우화한다.

참나무산누에나방은 산누에나방과에 속한다. 이 과의 나방은 성충이 되면 아무것도 먹지 않는다. 입이 퇴화하기 때문이다. 우화하고 나면 수컷은 암컷과 교미하는 것, 암컷은 유충이 먹을 나무를 찾아 알을 낳는 것이 유일한 일이다.

암컷은 우화하면 꽁무니의 페로몬샘이라는 기관에서 페로몬이라는 냄새를 풍긴다. 수컷은 이 냄새에 의지하여 암컷을 찾는다. 『곤충기』를 쓴 파브르는 어느날 밤, 집 안에 산누에나방류인 큰공작나방(가칭)* 수컷이 잔뜩 날아다녀 깜짝 놀란다. 그 시절에는 아직 페로몬의 존재를 몰랐다. 파브르는 암컷이 냄새를 풍겨 수컷을 불러서 일어난 일이라 생각한다. 참나무산누에나방 수컷의 더듬이는 크게 벌어져서 꼭 새의 깃털처럼 생겼다. 암컷의 냄새를 맡기 위한 안테나 같은 것이다. 면적이 넓어 멀리서도 냄새를 맡을 수 있다.

나도 많은 참나무산누에나방을 사육하면서 우화한 암컷은 통에 넣어 관찰했었다. 전등을 켜면 모처럼 찾아온 수컷이 달아나므로 다소 관찰이 어렵다. 적외선 카메라로 찍으며 관찰했는데 손전등에 빨간 셀로판지를 붙이면 나방은 등불을 거의 신경 쓰지 않는다. 대부분의 나방은 붉은빛을 볼 수 없기 때문이다.

---

* *Saturnia pyri*

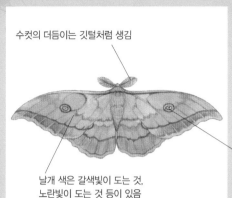

수컷의 더듬이는 깃털처럼 생김

날개 색은 갈색빛이 도는 것, 노란빛이 도는 것 등이 있음

나비목 산누에나방과

참나무산누에나방

Antheraea yamamai

크기 날개 편 길이 110–125mm
시기 7~9월
분포 한국 전역, 일본 홋카이도~오키나와, 중국, 러시아 등

눈알 모양

갓 우화한 수컷

수컷의 더듬이는 암컷의 냄새를 맡기 위해 발달함

교미하는 참나무산누에나방. 오른쪽이 암컷

리산누에나방

유리산누에나방은 일 년에 한 번 10월 말 무렵부터 11월 초 사이 잡목림에 단풍이 들기 시작할 무렵 우화한다. 다른 곤충이 활동을 쉬려고 할 때 나오니 괴짜가 따로 없다. 날개를 펼치면 10cm 가까이 되는 아름다운 대형 나방이다.

먹을 것도 없는 시기에 성충이 되다니 불쌍한 것 같지만 사실 우화한 성충은 아무것도 먹지 않는다. 그저 다음 세대를 남기기 위해 수컷은 암컷을 찾고 암컷은 알을 낳는 데만 전념할 뿐이다. 노란 날개는 단풍이 들기 시작한 졸참나무 잎과 닮았다. 가을에 활동해서 노란빛을 띠는지도 모르겠다.

밤에 활동하는데 이 시기의 밤은 꽤 춥다. 그래서인지 몰라도 수컷이 결혼 상대를 찾는 시간은 주로 날이 밝은 다음이다. 이른 아침 암컷을 찾아 날아다니는 수컷과 마주치면 깜짝 놀라곤 한다.

암컷 애벌레가 우화하여 고치에 머무는 동안 수컷이 찾아가 교미한다. 교미한 암컷은 고치에 알을 몇 개 낳는다. 고치는 대개 애벌레가 먹는 나무에 달려 있으니 합리적이다. 알 상태로 겨울을 나고 봄에 부화한 애벌레는 졸참나무나 팽나무 등 여러 활엽수의 잎을 먹는다. 건드리면 '삑삑' 울며 위협한다. 그들은 7월경 나뭇가지에 고치를 짓고 안에서 번데기가 되는데 초록 잎 속에서는 전혀 눈에 띄지 않는다. 하지만 겨울철 마른 잎 색으로 물든 잡목림 속에서는 눈에 확 띈다. 다만 안이 텅 비었다. 자세히 보면 이미 고치 주인은 우화하여 떠나고 겉에 알만 붙은 게 많다.

가을에 나오는 괴짜

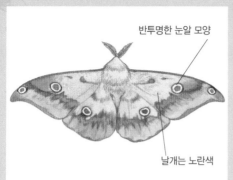

반투명한 눈알 모양

날개는 노란색

나비목 산누에나방과
유리산누에나방
Rhodinia fugax

크기 날개 편 길이 수컷 약
75-90mm, 암컷 약
80-110mm
시기 10-11월
분포 한국, 일본 등

단풍잎에 앉으면 눈에 띄지 않음. 보통 단풍이 들 무렵에 등장

팽나무에 있던 애벌레. 여러 활엽수 잎을 먹음

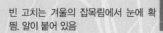

빈 고치는 겨울의 잡목림에서 눈에 확 띔. 알이 붙어 있음

겨울가지나방

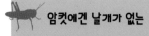

겨울가지나방이라는 나방은 없다. 겨울가지나방은 종명이 아니라 늦가을부터 이른 봄에 걸쳐 출현하는 가지나방류의 총칭이다. 대개 밤낮으로 기온이 낮아지는 11월경부터 활동을 시작하는데 종에 따라 이른 봄에 활동하기도 한다. 기온이 5℃ 이상인 날, 해 질 녘에 잡목림 속을 걸으면 갈색이나 회색의 작은 나방이 가냘프게 날고 있을 것이다. 암컷을 찾아 날아다니는 수컷 겨울가지나방이다. 추운 지역에서는 12월 말부터 2월 초까지 활동을 쉬지만 따뜻한 지역의 평야 지대에는 한겨울에 활동하는 종도 있다.

겨울가지나방 암컷의 날개는 퇴화하여 거의 없거나 아주 작아서 날 수 없다. 그 대신 우화하면 페로몬이라는 냄새를 풍겨 수컷을 부른다. 수컷은 그 냄새에 의지해 마른 잎 밑에서 우화한 암컷을 찾아 교미한다.

교미를 마친 암컷은 기어서 애벌레가 먹을 나무를 찾는다. 1cm도 안 되는 작은 몸으로 이동하려면 무척 힘들 것 같지만 다리가 길어 꽤 속도가 빠르다. 좋은 나무를 발견하면 가지나 줄기 틈에 산란한다. 밤에는 추워서인지 산란은 대개 따뜻한 낮에 이루어진다.

암컷의 날개가 퇴화한 이유는 추운 겨울에는 몸의 표면적이 좁을수록 체온을 유지하는 데 유리하기 때문이라는 설이 있다. 알을 낳아 후손을 남기는 데 불필요한 날개는 없어도 된다는 걸까. 정말 합리적이다. 겨울가지나방류는 일본에 36종이나 있다고 한다. 그런데 왜 굳이 겨울에 출현하게 됐을까? 합리적이지만 여전히 미스터리한 곤충이다.

나비목 자나방과
겨울가지나방
(참나무겨울가지나방)

Erannis golda

크기 수컷 앞날개 길이 약 20mm
 암컷 크기 약 15mm
분포 한국 중부, 제주도 한라산 등, 일본 홋카이도~규슈, 러시아 등

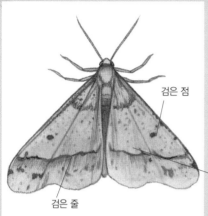

검은 점

갈색(노란빛이 도는 것부터 적갈색인 것까지 다양함)

검은 줄

불빛에 날아든 참나무겨울가지나방 수컷

산란하는 참나무겨울가지나방 암컷

교미하는 겨울물결자나방

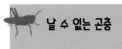

풀색딱정벌레(가칭)

딱정벌레는 일본어로 보행벌레步行蟲, 영어로 그라운드 비틀Ground Beetle이라고 한다. 그 이름대로 날지는 못하고 밤에 땅을 기어 다니며 곤충이나 지렁이를 찾아 먹는다. 딱정벌레는 특정 곤충의 이름이 아니라 딱정벌레라는 이름이 붙은 딱정벌레과, 딱정벌레아과에 속한 곤충의 총칭이다.

딱정벌레류는 일본에 약 45종이 있으며 70%가 일본 고유종이다. 지역 변이도 크다. 활동 범위가 좁아 아주 조금만 떨어져도 색 등이 달라진다. 딱정벌레의 분포와 DNA 유연관계를 파악해 일본 열도의 내력을 추측하는 것도 재미있으리라.

딱정벌레는 야행성이므로 좀처럼 볼 수 없고 빨간색이나 초록색으로 빛나는 종이 많아 아름답다. 성충으로 겨울을 나며 초여름에는 낮에도 활동할 때가 있다. 일본 간토 지방이나 주부 지방에 가장 흔히 보이는 것은 풀색딱정벌레이리라. 녹색 광택이 도는 아름다운 종으로 잡목림 등에 많다. 딱정벌레는 만지면 몹시 지독한 냄새를 풍기는데 손에 배면 좀처럼 가시지 않는다. 겁쟁이 곤충이라 먹이를 먹을 때 다가가면 곧장 도망치므로 사진을 찍으려면 한바탕 고생해야 한다.

주된 먹이는 나방 애벌레나 지렁이, 죽은 지 얼마 안 된 매미 등이다. 기운 넘치는 벌레보다 살짝 다친 벌레를 좋아한다. 아마도 딱정벌레는 냄새로 먹잇감을 찾는 듯하다. 사육해 보니 하나가 먹이를 먹기 시작하자 구석에 숨어 있던 다른 하나가 갑자기 기어 나와 먹이 쟁탈전을 벌였다. 먹잇감이 씹힐 때 체액이 흘러나오면 냄새를 맡고 모이는 것이다. 흡사 상어가 피 냄새를 맡고 모이는 모습이다.

딱정벌레목 딱정벌레과
풀색딱정벌레

Carabus insulicola

크기 약 30mm
시기 4~10월
분포 일본 혼슈 등

— 녹색 날개
(붉은빛을 띤 것도 있음)

— 튼튼한 다리

지렁이를 먹는 풀색
딱정벌레

봄매미(가칭)를 먹는 붉은 타입의
풀색딱정벌레

시코쿠에 사는 야콘딱정벌레**

* *Yezoterpnosia vacua*
** *Carabus yaconinus*

131

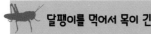

달팽이를 먹어서 목이 긴

곤봉딱정벌레

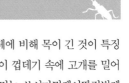

곤봉딱정벌레는 일본 특산종으로 다른 딱정벌레에 비해 목이 긴 것이 특징이다. 왜일까? 달팽이가 주식이기 때문이다. 달팽이 껍데기 속에 고개를 밀어넣으려면 긴 것이 편하다. 마찬가지로 달팽이를 먹는 쓰시마멋쟁이딱정벌레(가칭)*나 아이누킨딱정벌레(가칭)** 등도 목이 길다. 곤충의 형태가 습성을 드러내는 경우는 많다. 그런 걸 보면 곤충은 참 합리적으로 만들어진 듯하다.

곤봉딱정벌레가 달팽이를 덮치면 달팽이는 거품을 뿜어 방어한다. 그래도 대개 먹히고 만다. 곤봉딱정벌레는 달팽이 외에도 지렁이나 나방 애벌레 등을 먹고 야행성이라 밤에 활동한다. 크기는 제각각인데 큰 것은 7cm 정도로 대형 사슴벌레만 하지만 작은 것은 3cm 정도밖에 되지 않는다. 곤봉딱정벌레는 지역 변이가 커서 수많은 아종으로 나뉜다. 서일본 종은 새까맣고 체격이 좋다. 일본 간토 지방이나 주부 지방 종은 애곤봉딱정벌레(가칭)***로 불린다. 도호쿠 지방이나 홋카이도 등에서는 머리와 가슴이 초록색 혹은 보라색인 아름다운 개체가 많은데 지역별로 변이가 다양해서 팬이 많다. 지역 변이가 큰 이유는 곤봉딱정벌레가 날지 못하기 때문이리라. 이런 곤충은 격리되어 변이가 고정되기 쉽다.

곤봉딱정벌레는 초여름에 산란하고 여름 끝자락에 성충이 된다. 일반 딱정벌레는 유충 때 두 번 탈피하여 3령이 되지만 곤봉딱정벌레는 단 한 번 탈피한다고 한다. 고작 큰 달팽이 두 마리만 먹고 성충까지 클 때도 있는 모양이다. 달팽이의 영양가가 꽤 높은가 보다.

---

* Carabus(Coptolabrus) fruhstorferi
** Carabus kolbei
*** Carabus blaptoides oxuroides

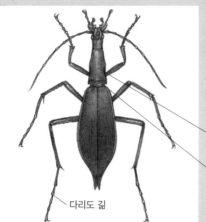

딱정벌레목 딱정벌레과
곤봉딱정벌레
Carabus (Damaster) blaptoides

크기 약 26–65mm
시기 4–10월
분포 일본 홋카이도~규슈 등

긴 목(가슴)

색깔은 산지에 따라 검정, 빨강, 초록, 파랑 등 다양함

다리도 긺

달팽이 껍데기 속에 고개를 밀어 넣어 식사하는 곤봉딱정벌레

달팽이를 먹는 모습

쓰시마멋쟁이딱정벌레

133

크게 휜 큰턱에 톱니같은 돌기가 잔뜩 돋아 있어 톱사슴벌레라는 이름이 붙었다. 개체별로 크기 변이가 심해서 큰 것은 7cm 정도지만 작은 것은 3cm 도 안 된다. 크게 휜 멋진 큰턱을 가진 것은 대개 55mm 이상인 개체다. 작은 개체는 큰턱의 형태가 달라 언뜻 보면 다른 종 같다.

성충은 나뭇진에 모인다. 잡목림의 상수리나무나 졸참나무의 나뭇진 외에 도 강가의 버드나무 나뭇진에 특히 많다. 야행성이지만 나뭇진이 나오는 나무 에는 간혹 낮에도 올라가 있는데 보통 암수가 함께다.

톱사슴벌레의 솔처럼 생긴 주둥이는 대체로 수납되어 있어 보이지 않으나 나뭇진 냄새를 맡으면 뻗어 나온다. 사슴벌레 중에서도 톱사슴벌레의 주둥이 는 특히 길다. 큰턱이 크게 휘어 있어 길이가 길지 않으면 나뭇진에 닿지 않 는다.

톱사슴벌레를 발견하고 서둘러 달려가면 땅에 툭 떨어질 때가 많다. 진동을 느끼는 잔털 때문에 반사적으로 다리를 움츠린다고 한다. 그러니 톱사슴벌레 를 잡고 싶으면 작은 나무의 경우 슬며시 다가가고 큰 나무의 경우 나뭇진이 나올 법한 나무를 걷어차도록 하자. 다만 어디에 떨어질지 모르므로 둘이서 역할을 분담하여 한 명이 나무를 찰 때 다른 한 명은 떨어진 곳을 확인하는 게 좋다.

큰턱의 형태는 몸집에 따라 다름

작은 것-암컷

큰 것-수컷

딱정벌레목 사슴벌레과

톱사슴벌레

Prosopocoilus inclinatus

크기 수컷 36~70mm
시기 5~9월
분포 한국 전역, 일본 홋카이도~
규슈, 중국 동북부 등

온몸이 불그스름한 것도 있음

항상 암컷 위에 포개져 있는 수컷

근사한 큰턱이 자랑거리

나뭇진을 마시기에 적합한
긴 주둥이를 뻗음

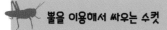

장수풍뎅이

장수풍뎅이라는 이름은 생김새가 투구를 쓴 장수의 모습과 비슷하고 한국에서 가장 크고 힘센 풍뎅이라는 데서 유래했다. 일본에서는 투구벌레라고 하는데 센고쿠시대15세기 중반부터 16세기 후반 일본의 혼란기 장수가 쓴 투구에서 비롯된 이름이다. 근사한 뿔은 수컷에게만 있다. 암컷은 땅속이나 썩은 나무 안에 숨어 알을 낳는다. 뿔이 있으면 숨는 데 방해가 되어 암컷에게는 뿔이 없는 듯하다.

장수풍뎅이 수컷은 자주 싸운다. 뿔을 상대방의 몸 밑에 밀어 넣어 튕겨 낸다. 싸움에서 이긴 수컷은 암컷과 교미한다. 뿔이 화려한 쪽이 유리하므로 점점 길어진 것으로 추측된다. 몸집이 비슷할 경우 막상막하지만 보통 처음부터 나뭇진 근처에 있던 개체가 강하다. 소형은 상대방이 위협만 해도 달아나 싸움을 피할 때가 많다.

장수풍뎅이 유충은 원래 숲속의 썩어 넘어진 나무 밑에 많다. 그런데 유충이 자주 보이는 장소는 자연의 썩은 나무보다 목재를 자를 때 나온 톱밥이나 가지가 버려진 곳, 표고버섯 재배에 쓰던 낡은 통나무가 버려진 곳이다. 퇴비가 쌓인 장소에서도 발견할 수 있다. 인간 근처에 유충의 먹이가 있으므로 장수풍뎅이는 인간에게 친근한 곤충이 되었으리라.

이제 장수풍뎅이는 인공적으로 사육되는 개체가 더 많을지도 모른다. 그러다 보니 곤란한 일도 생긴다. 일본 홋카이도에는 원래 장수풍뎅이가 없었는데 도망친 개체가 야생화했다. 한편 오키나와에는 쓰노보소장수풍뎅이(가칭)*라는 아종이 살지만 정작 판매되는 것은 혼슈나 규슈의 종이다. 외래 장수풍뎅이가 달아나 현지 장수풍뎅이와 교미하면 결국 오키나와 특산종이 사라질 우려가 있다.

* *Trypoxylus dichotomus tunobosonis*

뿔 길이는 몸집에 따라 다름

소형 수컷에게는 없음

발톱이 날카로워 찍히면 아픔

딱정벌레목 풍뎅이과
장수풍뎅이

Allomyrina dichotoma

크기 약 32~53mm(뿔 제외)
시기 6~9월
분포 한반도 전역, 일본 홋카이도
～오키나와, 중국 등

붉은빛이 도는 것과 검은색인 것이 있음

수컷 간의 싸움에 뿔이 쓰임

암컷의 등을 핥아 구애하는 수컷

크게 자란 유충이 부엽토*안에 있는 모습

* 腐葉土, 풀이나 낙엽 등이 썩어서 된 흙

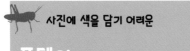

풍뎅이

풍뎅이는 종의 이름이기도 하지만 일반적으로는 풍뎅이라는 이름이 붙은 딱정벌레의 총칭이기도 하다. 풍뎅이류 대다수는 식물의 잎을 먹는다. 그런데 그중에는 꽃잎을 좋아하거나 동물의 똥만 먹는 종도 있다.

풍뎅이류는 주로 초저녁부터 밤까지 활동한다. 가로등에 날아들 때도 많은데 대개 날이 저문 직후다. 별줄풍뎅이 같은 풍뎅이류의 수컷에게는 보통 해질 녘 암컷을 찾아 날아다니는 습성이 있기 때문이다. 하지만 왜콩풍뎅이처럼 낮에 활동하여 불빛에는 거의 오지 않는 종도 있다.

일본에 '풍뎅이는 부자다♬'라는 노래가 있는데 풍뎅이는 일본어로 황금벌레黃金蟲라고 한다. 아름다운 금속성 광택이 돌아 그런 노래가 생겼으리라.

풍뎅이라는 이름이 붙은 금록색 곤충은 금속처럼 빛나 무척 아름답다. 여담을 하자면 그런 벌레를 촬영하는 건 꽤 어렵다. 표면 구조에 의해 날개가 구조색을 띠기 때문이다. 여러 겹의 얇은 층이 규칙적으로 포개져 있어 빛의 간섭이 일어나는데 한쪽에서 정면으로 터뜨린 스트로보 빛으로는 색을 다 담을 수 없다. 또 풍뎅이의 날개 표면은 마치 거울 같아서 반사된 빛이 직사광이 아니라 산란광일 때 아름다운 색이 드러나기에 더욱이 어렵다. 촬영은 야외의 자연광에서 하는 편이 좋다. 다만 모든 풍뎅이가 반짝반짝 빛나는가 하면 그렇지도 않다는 점을 기억하자. 대부분의 풍뎅이는 수수한 색을 띤다.

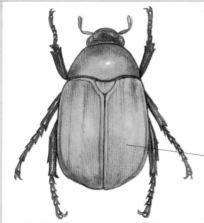

딱정벌레목 풍뎅이과
풍뎅이
Mimela splendens

크기 약 20mm
시기 5~8월
분포 한반도 전역, 일본 홋카이도
　　　~규슈, 중국, 대만 등

― 금속성 광택이 도는 초록색

풍뎅이는 풍뎅이류 중에
서 제일 강하게 반짝임

오리나무풍뎅이는 녹색인 것, 파란 것, 노
르스름한 것 등이 있음

왜콩풍뎅이는 풀밭에 많음

풍이는 풍뎅이과 곤충이지만 야행성이 대부분인 풍뎅이류 중 드물게 낮에 활동하는 괴짜다. 풍뎅이과 꽃무지아과의 딱정벌레 일부를 풍이라고 부른다. 일본 혼슈에는 풍이, 청풍이(가칭)*, 검정풍이** 등 3종이 있다.

청풍이는 초록색, 검정풍이는 검은색이며 풍이는 구리색이 기본이나 초록빛 혹은 푸른빛, 붉은빛이 도는 것도 있다. 풍이는 평지부터 산지까지 널리 분포하는 반면 청풍이는 비교적 서늘한 산지에 많다. 검정풍이는 수가 적은데 다른 풍이가 줄어드는 8월에 접어들면 발생한다.

대다수의 꽃무지는 주로 꽃의 꿀이나 꽃가루를 먹지만 풍이는 주로 나뭇진을 먹는다. 꽃무지는 성충으로 겨울을 나는 종이 많은 데 비해 풍이는 여름에만 나타났다가 8월 말이면 죽는다. 성충의 수명은 한 달 반가량으로 생김새가 다부진 것치고 단명하는데 장수풍뎅이의 생애와 비슷하다.

유충은 썩은 나무 밑 등에서도 볼 수 있는데 칡 등이 무성한 곳의 낙엽 더미에 서식할 때가 많은 듯하다. 한겨울 외의 계절에는 지표면 근처에서 썩은 잎을 먹는다고 한다. 풍이 유충은 뒤집혀도 그 자세 그대로 몸을 움직여 나아갈 수 있다.

비행 솜씨가 아주 좋아서 꽤 빠르게 숲속을 날아다닌다. 장수풍뎅이와 달리 앞날개를 펴지 않고 앞날개 밑에서 꺼낸 뒷날개를 팔락이며 난다. 나뭇진이나 발효된 과일 냄새에 무척 민감해 멀리서 그 냄새를 맡고 모인다. 헬리콥터가 착지하듯 속도를 낮춰 천천히 하강한다. 날아오를 때도 제자리에서 이륙할 수 있는 비행의 명수다.

* *Rhomborhina unicolor*
** *Rhomborhina polita*

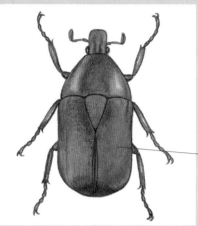

딱정벌레목 풍뎅이과
풍이

Pseudotorynorrhina japonica

크기 약 25mm
시기 6~8월
분포 한국, 일본 혼슈~규슈, 중
　　　국 등

구리색이 많지만 파란색, 빨간
색, 초록색을 띤 것도 있음

풍이(좌),
검정풍이(우)

아름다운 청풍이

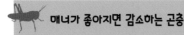
금풍뎅이

금풍뎅이는 이른바 똥벌레다. 똥벌레란 주로 동물의 똥을 먹고사는 풍뎅이과 곤충을 가리킨다. 똥풍뎅이 등 작은 종이 많지만 금풍뎅이류처럼 유달리 크고 아름다운 종도 있다.

현대는 똥벌레에게 수난시대다. 도시에 사는 똥벌레는 주로 개똥을 먹는데 요새는 한국이나 일본이나 견주가 책임지고 똥을 수거하게 되어 있다 보니 과거에는 도심이나 주택지에도 많이 보였지만 이제는 산에 가지 않으면 볼 수 없다.

목장에서 소똥을 먹는 보라금풍뎅이나 뿔소똥구리도 감소했다. 특히 뿔소똥구리는 큰 위기에 처했다. 일 년 내내 방목하는 목장이 줄어든 데다 소의 먹이에 항생물질을 섞는 통에 유충이 잘 자라지 못하기 때문이다. 뿔소똥구리는 똥을 땅속에서 발효시킨 다음 둥글게 뭉쳐 알을 낳는데 항생물질이 발효를 막아 똥이 잘 뭉쳐지지 않는다.

최근 보라금풍뎅이는 목장보다도 사슴이나 원숭이가 많은 산속에 자주 보인다. 뿔소똥구리는 똥 밑에 굴을 파 대량의 똥을 땅속으로 나르기에 소똥처럼 큰 배설물이 필요하지만 보라금풍뎅이는 작은 배설물을 여러 번에 걸쳐 운반하므로 사슴똥으로도 잘 자란다. 일본에는 사슴 수가 늘어 문제가 되고 있지만 보라금풍뎅이에겐 잘된 일이다.

보라금풍뎅이는 자주색으로 빛나는 개체가 많으나 산지에 따라 푸른색 혹은 녹색이 도는 것도 있다.

딱정벌레목 풍뎅이과
금풍뎅이
(북방보라금풍뎅이)

Phelotrupes laevistriatus

크기 약 20mm
시기 4~10월
분포 한국, 일본 홋카이도~오키
　　　 나와 등

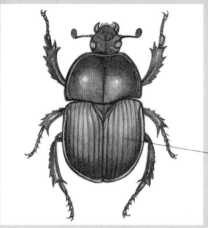

── 구리색이며 색의 변화는 적음

※ 보라금풍뎅이는 아름다운 갈색인
　 데 파란색이나 초록색을 띤 것도
　 있다.

보라금풍뎅이

보라금풍뎅이의 변이. 왼쪽은
일반형, 가운데는 남색금풍뎅이,
오른쪽은 녹색금풍뎅이로 불림

송장벌레

송장벌레는 딱정벌레에 속하는데 그 이름에서 생태가 잘 드러난다. 동물이 죽으면 그들은 어디선가 날아와 시체를 땅에 묻는다. 그런 습성 때문에 한자 어로는 매장충埋葬蟲이라고 한다.

송장벌레에도 많은 종이 있는데 그중에서도 시체를 땅에 묻는 습성이 있는 건 검정송장벌레류다. 검정송장벌레는 야행성으로, 시체 냄새에 끌려 시체가 있는 곳에서 만난 암수는 교미 후 힘을 합쳐 시체 밑의 땅을 판다. 땅이 파일 수록 시체는 자체 무게에 의해 서서히 묻힌다. 대체로 이튿날이면 완전히 묻혀 땅 위에 봉긋한 흔적만 남는다.

5~6월은 송장벌레의 활동기다. 이 시기는 두더지나 일본뒤쥐의 번식기이 기도 하다. 수컷은 영역을 둘러싸고 땅속에서 싸움을 벌이는데 쫓겨난 쪽은 땅 위에서 죽을 때도 많다. 검정송장벌레는 두더지나 일본뒤쥐의 시체를 좋아 한다. 낮에 죽어 널브러진 두더지는 대개 다음 날 아침이면 묻혀 있다. 검정송 장벌레는 일종의 시체 청소부다.

검정송장벌레는 육아를 하는 곤충으로도 유명하다. 우선 땅속에서 동물의 가죽을 벗기고 고기 완자를 빚은 뒤 주변 땅속에 알을 낳는다. 유충이 부화하 면 부모는 '찌익찌익' 울어 유충을 부른다. 놀랍게도 어미는 모여든 유충에게 입에서 입으로 먹이를 토해 준다. 어미는 유충이 번데기가 될 때까지 딱 붙어 서 육아한다. 한편 대낮에 인근 공원 같은 데서 지렁이 시체 등에 모여 있는 것은 대개 큰넓적송장벌레다. 넓적송장벌레라는 종도 있는데 그것은 일본 홋 카이도 특산종이다.

딱정벌레목 송장벌레과
송장벌레(넉점박이송장벌레)

Nicrophorus quadripunctatus

크기 약 20mm
시기 4~10월
분포 한국 전역, 일본 홋카이도~규슈, 중국,
　　　러시아 등

— 더듬이 끝이 오렌지

— 오렌지색

두더지 시체를 찾아온 넉점
박이송장벌레

숲이 있으면 어디에나 보이
는 큰넓적송장벌레

넉점박이송장벌레의 알

방아벌레

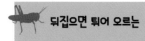

방아벌레는 건드리면 몸을 뒤집고 가짜로 죽은 척할 때가 많다. 몸을 뒤집어 놓는다. 그 모습을 보고 있자면 잠시 후 딸깍 소리와 함께 세차게 튀어 오른다. 방아벌레의 가슴 부분에는 레실린이라는 탄성 단백질이 있다. 레실린은 도약에 능한 벼룩이나 메뚜기의 뒷다리에도 있는데 그 어떤 고무보다도 효율적으로 에너지를 모아 방출할 수 있다고 한다.

방아벌레는 몸이 뒤집히면 한동안 머리를 배쪽으로 말고 있는데 그때 레실린을 가동해 에너지를 모은다. 그러다가 단숨에 에너지를 발산하여 세차게 튀어 오른다. 방아벌레의 점프는 적으로부터 도망칠 때도 쓰인다. 남미에 갔을 때 나무에 앉은 큰 방아벌레를 잡으려고 하자 몸이 뒤집히지도 않았는데 크게 딸깍 소리를 내며 튀어 나갔다. 종에 따라서는 뒤집히지 않아도 튈 수 있는 모양이다.

방아벌레를 잡으면 딱딱 소리를 내며 가슴을 움직인다. 튀어 나가고 싶어도 그럴 수 없어 딱딱 소리만 내는 것이다. 그 동작이 쌀을 찧는 동작과 닮아 방아벌레라는 이름이 붙었다고 한다.

방아벌레는 약 400종 이상이 있다. 성충은 꽃을 찾는 종, 잎을 먹는 종, 나뭇진을 빠는 종 등 다양하다. 유충은 땅속이나 썩은 나무 속에 사는 종이 많다. 육식을 하는 종은 썩은 나무 등에 서식하면서 다른 벌레 유충을 먹는다. 사슴벌레 등을 사육할 때 썩은 나무에 방아벌레 유충이 숨어 있으면 잡아먹히기도 한다.

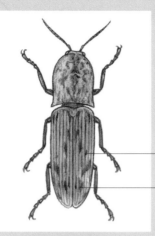

딱정벌레목 방아벌레과
방아벌레(맵시방아벌레)

Cryptalaus berus

크기 약 25mm
시기 4~7월
분포 한국, 일본 홋카이도~오키나와 등

앞날개는 하얀색, 회색, 검은색의
짧은 털로 덮여 있음

검은 반점이 있음

근사한 수염이 달린 왕빗살방아벌레

맵시방아벌레가 점프하는 모습을
멀티스트로보로 찍은 사진

버드나무의 나뭇진에 있던 녹슬은방아
벌레

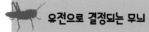

무당벌레

과명과 같은 이름을 가진 무당벌레라는 종은 서로 같은 종으로는 전혀 보이지 않을 만큼 다양한 무늬가 있다. 가장 흔한 무늬는 검은 바탕에 빨간 점이 2개 혹은 4개 박힌 유형이다. 검은 바탕에 빨간 반점이 12개 박힌 유형은 반점형斑型이라고 부르고 붉은색형紅型이라는 것도 있는데 이는 빨강이나 노랑 바탕에 검은 점이 박힌 유형이다. 빨간 바탕에 까만 반점이 19개 박힌 것이 붉은 색형의 원형이며 까만 색이 아예 없는 것도 있다. 생김새는 달라도 서로 같은 종임을 알아보는 듯 다른 무늬의 개체끼리도 교미한다.

50년 전쯤 바탕이 까만 유형은 남쪽에 많고 빨갛거나 노란 유형은 북쪽에 많다고 보고된 바 있다. 그러나 최근에는 북쪽에 까만 바탕이 많아졌다고 한다. 붉은색형이 추운 지역에 적응한 유형이라고 가정하면 까만 바탕의 증가가 지구온난화와 관계가 있다고 보는 학자도 있다.

무당벌레의 무늬는 유전으로 결정된다. 실제로는 앞에 열거한 네 가지 유형 이외에도 변형이 많다. 다른 무늬끼리 교미한 결과다. 두점박이형은 hc, 네점박이형은 hsp, 반점형은 ha, 붉은색형은 h라는 유전자가 기본이며 무당벌레 한 마리는 그중 두 개의 유전자를 갖는 모양이다.

두점박이형의 유전자는 우성인 듯하다. hc 유전자를 가진 순수한 두점박이형이 다른 유형과 교미하면 두점박이형이 태어나기 때문이다. 붉은색형은 붉은색형끼리 교미하지 않으면 태어나지 않으므로 열성이다. 따라서 두점박이형이 점점 북상함에 따라 붉은색형이 감소한 것으로 추측된다.

크림색

반점형이라고 불리는 유형

딱정벌레목 무당벌레과
무당벌레

Harmonia axyridis

크기 약 7mm
시기 4–11월
분포 한국 전역, 일본, 러시아, 중
국 등

검은 바탕에 빨간 점, 빨간 바
탕에 검은 점 등 여러 유형이
있음. 점의 개수도 다양함

마치 다른 종처럼
생긴 붉은색형과
두점박이형의 교미

무당벌레의 집단 월동.
다양한 무늬의 개체가 있음

알은 진딧물이 있는 잎이나 나무에
무더기로 낳음

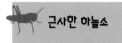

참나무하늘소

나는 일본 사람으로서 일본에서 가장 큰 하늘소라고 말하고 싶지만 사실 버들하늘소나 미끈이하늘소*가 좀 더 길다. 하지만 풍채나 체격으로 보아 참나무하늘소가 일본을 대표하는 대형 하늘소라는 주장에 이의를 제기하는 일본 사람은 별로 없을 것이다.

커다란 복안은 특수 촬영 일본 드라마 『가면라이더』의 모델이 되었다고도 일컬어진다. 겁을 주어도 당황하지 않고 큰 눈으로 노려보며 '끼이끼이' 소리쳐 위협한다. 그 모습을 보면 가슴이 거세게 오르내리고 있다. 위에서 보이는 가슴은 앞가슴 등판前胸背板이라는 것이다. 그 뒤쪽에는 요철이 있어 움직이면 소리가 난다.

어린 시절 도쿄 한복판에 살던 나는 참나무하늘소를 동경했다. 그런데 왜인지 요즘 어린이에게는 별로 인기가 없다. 장수풍뎅이나 사슴벌레보다 관심도가 떨어지는 건 어쩔 수 없다지만 그것을 감안해도 아마 인기 곤충 10위 안에는 못 들 것이다. 보통종인 참나무하늘소는 곤충 애호가에게조차 인기가 없어 슬프다. 멋진 곤충은 일등이 아니어도 주목받아야 한다고 생각한다.

참나무하늘소는 잡목림에 서식하며 5월 말경부터 8월 말까지 볼 수 있다. 불빛에 날아들기도 한다. 수직으로 된 유리에 앉을 수도 있다. 장수풍뎅이도 못 하는 걸 하다니 대단하다. 발바닥에 미세한 털이 잔뜩 나 있어 빨판처럼 유리에 달라붙는데 도마뱀붙이가 유리에 매달릴 수 있는 것과 같은 원리다.

암컷은 7월에 살아 있는 상수리나무나 졸참나무에 산란한다. 나무줄기에 동그랗게 갉은 흔적이 빙 둘려 있다면 참나무하늘소가 산란한 것이다. 유충은 나무 속을 파먹기에 그 수가 많으면 나무가 시들고 만다.

---

* *Massicus raddei*, 한국에서는 과명과 종명이 같은 '하늘소'라는 종인데 드물게 '미끈이하늘소'라고 칭하기도 함. 여기서는 구별이 가는 명칭을 택함.

딱정벌레목 하늘소과
참나무하늘소

Batocera lineolata

크기 약 50mm
시기 5~8월
분포 한국, 일본, 중국, 시베리아 등

수컷의 더듬이는 특히 길다. 암컷은 좀 더 짧음

죽으면 노란 무늬가 하얗게 변함

수컷

졸참나무에 산란함

졸참나무 잎 위의 참나무하늘소

가면라이더처럼 큰 눈이 달린 얼굴

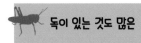

독이 있는 것도 많은

잎벌레

잎벌레는 한자어로 엽충葉蟲 또는 금화충金花蟲이라고 하며 영어로는 'Leaf beetle'다. 그 이름대로 거의 모든 종의 성충이 식물의 잎을 먹는다. 금화충이라는 별명은 아름다운 종이 많아 붙었으리라.

잎벌레가 많이 보이는 때는 초여름 잎이 자라는 시기다. 종마다 먹는 식물이 정해져 있다. 호장근에 머무는 호장근잎벌레*나 등나무에 머무는 등나무잎벌레(가칭)**는 흔히 볼 수 있는 잎벌레다. 남생이잎벌레나 삿갓잎벌레*** 등 재미있게 생긴 잎벌레도 있다.

잎벌레 중에는 독을 가진 종도 많다. 어떤 유충은 독을 가진 식물에서 얻은 독성분을 독샘에 모으기도 한다. 또 어떤 종은 체내에서 독성분을 합성하는 모양이다. 사람이 죽을 만큼 강력한 독을 가진 종도 있다. 아프리카 화살독딱정벌레(가칭)****의 독은 화살 독으로 쓰일 정도다. 독을 지닌 것은 아름답다는 말이 있는데 잎벌레도 예외는 아니라서 시선을 끄는 종이 많다.

한편 무당벌레와 닮은 잎벌레도 많다. 우리 가까이에 사는 종으로는 팔점박이잎벌레나 호장근잎벌레 등이 유명하다. 무당벌레는 쓴 액체를 분비해서 새가 기피한다고 한다. 팔점박이잎벌레나 호장근잎벌레의 독성 유무에 대해 알아본 연구는 아직 찾지 못했다.

독이 없는 종이 독이 있는 종과 닮은 현상을 두고, 발견자의 이름을 따서 '베이츠 의태'라고 한다. 독이 없는데 있는 척해서 생존에 이득을 보는 의태다. 독이 있는 것끼리 닮은 경우는 '뮬러 의태'라고 한다. 이 경우 독이 있는 것이 많다는 인상을 포식자에게 심어 줄 수 있어 역시 생존에 유리하게 작용한다고 한다. 잎벌레와 무당벌레 가운데 서로 닮은 종이 많은데 그것은 베이츠 의태일까 아니면 뮬러 의태일까.

---

* '상아잎벌레'라고도 함
** *Gonioctena rubripennis*
*** *Aspidimorpha furcata*
**** *Diamphidia*

딱정벌레목 잎벌레과
잎벌레
(호장근잎벌레, 상아잎벌레)

Gallerucida bifasciata

크기 약 9mm
시기 4~7월
분포 한국 경상도, 시베리아 동
     부, 중국, 일본 홋카이도~
     규슈 등

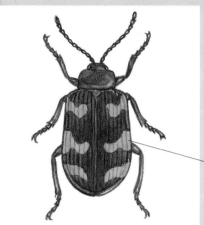

— 검은색과 오렌지색 무늬

호장근에 있는
호장근잎벌레

상수리나무나 졸참나무에 있는
팔점박이잎벌레

물가 식물에 있는 넓적뿌리잎벌레

바구미

바구미는 1000종 이상이 있다. 아마 딱정벌레 중에서 가장 종류가 많을 것이다. 주둥이가 코끼리 코처럼 긴 종이 많아서 일본에서는 코끼리벌레라고 부른다. 대다수가 몸이 울퉁불퉁한데 조형미가 뛰어난 한편 겉으로 보기에 기묘하다.

작아서 눈에 잘 띄지 않지만 모양새가 천차만별이라 크기가 컸으면 분명 인기가 좋았을 것 같다. 모든 종이 식물을 먹고사는데 유충은 싱싱한 풀이나 마른나무 등 종에 따라 먹는 것이 정해져 있다. 밤바구미류처럼 도토리 같은 나무 열매에 산란하는 종도 있다. 유충은 다리가 퇴화하여 잎 표면이 아니라 식물의 줄기 속 등에서 자란다.

바구미는 죽은 흉내를 잘 낸다고 한다. 놀라면 다리가 움츠러들어 땅에 떨어지는 종이 많다. 왕바구미 등은 일단 죽은 척하면 수십 분씩 움직이지 않는다.

바구미의 몸은 매우 단단하다. 왕바구미나 옻나무바구미 등도 곤충의 침에 뚫리지 않을 만큼 단단하다.

이름은 바구미인데 실제로는 바구미가 아닌 종도 있다. 팥바구미 같은 콩바구미류는 잎벌레과 딱정벌레다. 일반적으로 바구미는 왕바구미 등이 포함된 왕바구미과, 수염이 긴 소바구미과, 기묘하게 생긴 침봉바구미과, 밤바구미를 비롯한 여러 종이 포함된 바구미과를 가리킨다. 거위벌레과나 나무좀과 딱정벌레도 바구미와 매우 가깝다.

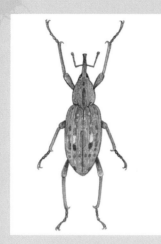

딱정벌레목 왕바구미과
바구미(왕바구미)

Sipalinus gigas

크기 12-25mm
시기 5-10월
분포 한국, 일본, 중국, 동남아시
아, 오스트레일리아 등

몸이 단단한 검은딱지바구미

코끼리 코처럼 주둥이가
긴 왕바구미

졸참나무 도토리에 구멍을 뚫
는 도토리밤바구미

155

요람을 만드는

거위벌레

거위벌레의 일본명은 투서를 의미한다. 곤충의 이름 자체가 일본인 입장에서는 '투서'인 것이다. 옛날에 편지를 직접 건네기 힘들면 편지를 돌돌 말아 상대방의 집에 던져두는 풍습이 있었는데 그것과 닮았다고 해서 붙은 이름이다. 암컷 거위벌레는 나뭇잎을 야무지게 원통형으로 말아 그 속에 알을 낳는다. 그것이 바로 요람이다. 요람은 완성되면 끊겨 투서처럼 땅에 떨어질 때가 많다.

20종 이상의 거위벌레는 종에 따라 이용하는 식물이 다르다. 다양한 식물의 잎을 이용하지만 가장 애용하는 건 밤나무 잎이다. 밤나무 잎은 새순이 돋고 10일만 지나도 크게 자란다. 그때가 되면 어디선가 거위벌레가 밤나무로 날아든다. 밤나무 잎을 마는 시기는 갓 잎이 자라 아직 빳빳해지지 않았을 때뿐이다. 한정된 시기에 활동하는 곤충인 셈이다.

밤나무가 있으면 땅바닥을 살펴보자. 잎으로 만든 요람이 떨어져 있다면 근처 나무에 매달려 이파리에 앉아 열심히 잎을 마는 거위벌레가 눈에 들어올 것이다. 높은 곳에도 있지만 눈높이 근처에도 있어 요람을 만드느라 여념이 없는 모습을 관찰할 수 있다.

작업 전 우선 칼선을 넣고 살짝 숨을 죽인 다음 잎을 반으로 접는다. 주둥이로 자국을 내 두면 나중에 잎을 말기 편하다. 그 솜씨는 실로 교묘한데 종이접기를 할 때 접는 선을 넣는 것과 같은 방식이다. 잎을 말 때 잇자국을 따라 접으면 풀을 쓰지 않고도 웬만하면 풀리지 않는 원통형 요람을 멋지게 만들 수 있다. 아무도 가르쳐 주지 않았는데 참 대단하다고 목격할 때마다 생각한다.

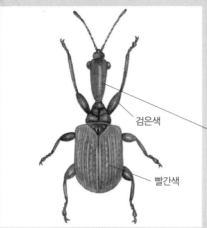

검은색

빨간색

딱정벌레목 거위벌레과
거위벌레

Apoderus jekelii

크기 약 8mm
시기 5-6월
분포 한국, 일본, 중국, 러시아 등

목이 긴 수컷

밤나무 잎을 마는
암컷 거위벌레

땅에 떨어진 요람

점박이거위벌레(가칭)˙는 요람을
떨어뜨리지 않음

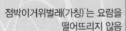

* *Agomadaranus pardalis*

말벌은 툭하면 눈엣가시 취급을 받는다. 공격성이 매우 강한 벌이기에 민가 근처에서 말벌 집이 발견되면 보통 제거된다. 잘못 쏘이면 죽을 만큼 독이 강해 어쩔 수 없을지도 모른다. 말벌은 생태계 정점에 선 생물 중 하나다.

그들은 주로 곤충을 먹기에 말벌이 있다는 건 어떤 의미에서는 자연환경이 풍부하다는 증거다. 도시에서도 말벌은 문제가 되는데 말벌이 살 수 있는 도시라면 녹음이 우거져 있을지도 모른다. 반면 말벌이 사라지면 해충이 늘어날 가능성이 있다.

말벌에도 종류가 많다. 그냥 말벌이라고 하면 곤충학에서는 장수말벌을 가리키며 일반적으로는 황말벌이나 꼬마장수말벌, 좀말벌 등을 의미하기도 한다. 6월 중순 전에 관찰되는 말벌은 대개 여왕벌이다. 말벌류는 가을에 태어난 새 여왕만 겨울을 난다. 봄에 깨어난 여왕은 홀로 집을 짓는다. 그리하여 새로운 일벌이 태어나는 때는 6월 중순경이다. 민가의 말벌 집이 제거되는 것은 어쩔 수 없다. 하지만 초여름에 덫을 놓아 말벌을 박멸하면 전부 여왕벌만 죽어 야산의 말벌이 줄어드는 결과로 이어진다.

말벌은 곤충을 잡아 유충에게 먹이로 준다. 나무에서 나오는 나뭇진이나 썩은 과일 등도 먹는다. 다른 벌집을 습격할 때도 있는데 양봉을 하는 곳에서는 말벌의 집단 습격으로 꿀벌이 전멸하는 때도 있다. 벌집에 벌이 가장 많은 때는 9월부터 10월 사이로 그 무렵에는 천 마리가 넘는다.

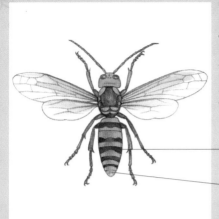

벌목 말벌과
말벌(장수말벌)

Vespa mandarinia

크기 수컷 27–39mm, 일벌 27–
37mm, 암컷 37–44mm
시기 4–10월
분포 한국, 일본, 대만, 중국, 유
럽 등

— 노란 바탕에 검은 줄무늬

— 노란색(장수말벌과 닮은 꼬마장
수말벌은 이 부분이 검다)

꿀벌을 습격하
는 장수말벌

나뭇진을 핥는 중

황말벌도 꿀벌을 먹음

검은풀개미

　검은풀개미(가칭)[*]는 잡목림에 많이 사는 크기 4mm 정도의 작은 갈색 개미다. 개미 행렬은 자주 등장하는데 곰개미나 일본왕개미가 줄지어 다니는 일은 거의 없다. 나무줄기 같은 데서 행진하는 것은 대개 검은풀개미다. 행렬을 짓는 개미는 보통 풀개미류 등 작은 종인데 그 가운데 검은풀개미는 아마 가장 큰 편일 것이다. 같은 부류에 속하는 민냄새개미는 검은풀개미와 꼭 닮았다. 겉모습에 거의 차이가 없어 실은 나도 구별하지 못한다.

　검은풀개미나 민냄새개미는 진딧물의 배설물을 좋아한다. 어느 정도냐면 거의 그것만 먹는다. 진딧물이 개미를 꾀어 들여 천적인 무당벌레 등으로부터 몸을 지키니 상부상조다. 진딧물 외에도 다양한 곤충들이 먹이를 제공해 준다. 대부분 진딧물처럼 노린재목 곤충이며 노린재나 뿔매미 유충에도 검은풀개미와 민냄새개미가 모인다. 식물 입장에서는 달갑지 않은 진딧물을 지켜 주어 해충으로 분류할 수 있으나 한편으론 개미 덕분에 잎을 먹는 다른 곤충이 접근하지 못하니 모호하다.

　검은풀개미와 민냄새개미 모두 대체로 숲속의 큰 나무 밑동에 집을 짓는다. 언젠가 우리 집 마루 밑에 집을 지어 고생한 적이 있다. 매년 8월 오봉 무렵이면 결혼 비행이 거행되는데 그 직전 수많은 개미가 집 안에 쳐들어왔다. 우리 집을 큰 나무로 착각한 모양인데 워낙 개미집이 크다 보니 숫자도 장난이 아니었다. 조명 스위치 속에 파고드는 바람에 전기가 합선되어 연기까지 났다. 시달리던 끝에 결국 퇴치하고 말았다.

[*]　*Lasius fuji*

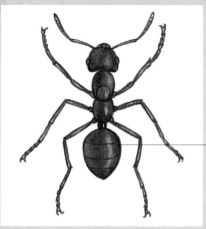

벌목 개미과
검은풀개미
[주름냄새개미]

Lasius nipponensis

크기 약 5mm
시기 5~9월
분포 한국, 일본, 유럽 등

— 통통한 다갈색 몸에 광택이 돎

검은풀개미는 행렬을 지어 집과 진딧물이 있는 나무를 오감

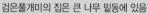

검은풀개미의 집은 큰 나무 밑동에 있음

참주둥이왕진딧물(가칭)*에 몰려드는 검은풀개미들

* *Stomaphis japonica*

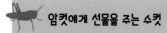

춤파리

춤파리는 파리매하목 춤파리상과에 속하는 곤충이다. 파리매는 맹금류인 매와 닮았는데 그 이름대로 다른 곤충을 잡아먹는다. 파리매의 근연종近緣種* 인 춤파리는 꽃의 꿀도 빨지만 기본적으로 포식성 곤충이다. 춤파리 중에는 수컷이 암컷에게 구애하며 먹이를 주는 종이 있다. 일본에 사는 천 종이 넘는 춤파리 가운데 절반 이상이 그렇다고 한다.

내 작업 현장인 고모로에서는 5월 초순이면 구애하는 춤파리를 쉽게 볼 수 있다. 숲속에 춤파리가 여럿 날아다녀 유심히 보면 작은 벌레를 물고 있다. 깔따구나 작은 파리를 사냥한 수컷이다. 그 모습을 본 암컷이 무리 속으로 들어온다. 공중에서 사냥감을 주고받은 커플은 나뭇가지 등에 앉는다. 수컷은 앞다리로 가지에 매달리듯 앉고 암컷은 교미하면서 사냥감에 주둥이를 꽂아 배를 채운다.

춤파리류 수컷은 사냥감을 잡아 선물하지 않으면 교미할 수 없다고 한다. 암컷 입장에서는 사냥감 획득에 성공한 수컷을 맞이하면 강한 자손을 남길 수 있고 자신에게도 먹이가 떨어지니 일석이조다.

같은 춤파리과 중에는 사냥감을 자신의 분비액으로 싸서 선물하는 지극정성인 종도 있다고 하니 놀랍다. 더 놀라운 것은 포장 안에 아무것도 넣지 않는 종도 있다는 것이다. 마치 형식뿐인 의식 같다. 인간의 의식도 춤파리와 별반 다르지 않은 느낌이다.

---

* 생물의 분류에서 가장 가까운 유연관계

파리목 춤파리과
춤파리

Empis flavobasalis

크기 약 5mm
시기 5~9월
분포 한국, 일본 홋카이도~규슈 등

교미하면서 선물받은 사냥감을 먹는
암컷 춤파리의 일종

털파리를 잡아 암컷을 기다리는 수컷
춤파리의 일종

꽃의 꿀을 빠는 춤파리

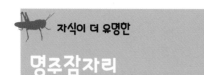

자식이 더 유명한
명주잠자리

명주잠자리 유충은 어쩌면 부모보다 유명할지도 모르는 개미귀신이다. 개미귀신은 건조한 땅을 절구 모양으로 파고 떨어지는 곤충을 잡아먹는다. 이 함정을 개미지옥蟻地獄이라고 하는데 이것은 그대로 개미귀신의 일본명이기도 하다. 큰 나무나 처마 끝, 공원 벤치 밑, 비 맞지 않는 장소, 비가 와도 금방 마르는 강가 등의 모래밭에 집을 짓는다.

개미귀신은 집 바닥에 큰턱만 내놓고 숨어 있다. 개미가 떨어져 기어오르려고 발버둥 치면 큰턱으로 흙을 퍼서 달아나려는 개미에게 끼얹는다. 필사적으로 발버둥 치던 개미는 개미귀신의 큰턱에 사로잡힌 순간 곧바로 움직임을 멈춘다. 분명 뭔가 독즙을 분비하는 것이리라. 떨어진 개미는 불쌍하지만 필사적으로 달아나려는 개미와 기를 쓰고 떨어뜨리려는 개미귀신의 공방은 무척 재미있다. 개미귀신의 집을 발견하면 개미를 찾아 떨어뜨리고 싶어진다. 실제로 개미를 잡아 개미귀신의 집에 떨어뜨려 본 사람은 많을 것이다.

개미귀신은 개미뿐만 아니라 떨어진 곤충이면 뭐든 먹는다. 언제 떨어질지 모르는 먹이를 기다릴 만큼 느긋한 성격이기에 먹이가 풍부하면 1년 만에 성충이 되지만 먹이가 적으면 성장하는 데 2년은 걸리는 모양이다.

일본에서 개미귀신은 지방에 따라 헤코, 핫코, 뎃코핫코 등 다양한 이름으로 불린다. 워낙 어린이의 사랑을 받는 생물이기 때문이다. 사진을 보여 주면 저희끼리 부르는 이름으로 단번에 개미귀신임을 알아맞힌다. 어린이의 관찰력에 깜짝 놀라곤 한다.

더듬이가 짧다

풀잠자리목 명주잠자리과
명주잠자리

Baliga micans
(학명이명 Hagenomyia micans)
크기 약 35mm
시기 6-10월
분포 한국, 일본, 대만, 중국 등

부드럽고 날개맥이 많은 날개

일본왕개미를 잡으려 하는
개미귀신

개미귀신은 명주잠자리의 유충

성충

애알락명주잠자리

이 벌레를 처음 봤을 때 무척 놀랐다. 이끼가 낀 바위에 뭔가 숨어 있지 않을까 싶어 살펴보는데 바위 위를 기던 작은 벌이 별안간 뭔가에 사로잡혔다. 자세히 보니 이끼와 똑같이 생긴 벌레가 몸을 숨긴 채 거대한 큰턱으로 벌을 꽉 물고 있었다.

생김새는 명주잠자리 유충인 개미귀신과 판박이다. 개미귀신은 원래 모래밭 등지에 절구 모양의 집을 짓고 그 안에 떨어진 곤충을 잡아먹는다. 한편 그와 비슷한 종인데도 집을 짓지 않고 이끼가 낀 곳에 살며 벌레를 잡는 것이 애알락명주잠자리 유충이다.

그나저나 바위의 이끼와 어쩌나 비슷했는지 모른다. 처음에는 마냥 신기했는데 잘 보니 그런 유충이 주변에 잔뜩 있었다. 근처 나무의 이끼 속에도 숨어 있었다.

장소에 따라 이끼 색도, 유충 색도 달랐다. 평소 꼼짝도 안 해서 몸에 이끼가 돋았나 했는데 등에 모래알이 묻은 유충도 있었다. 아무래도 주변의 이끼나 모래알을 등에 얹어 위장하는 듯했다. 적에게 들키지 않는 건 좋은데 가만히 그런 데 숨어만 있으면 먹이가 충분히 잡힐까 걱정됐다. 성충은 6~7월부터 볼 수 있다. 그때도 크고 작은 유충이 있는 걸 보면 먹이 양에 따라 유충 기간이 달라지는 듯하다. 성충은 일반 명주잠자리보다 조금 가냘픈 느낌으로 대개 7월부터 9월에 등장한다.

풀잠자리목 명주잠자리과
애알락명주잠자리

Dendroleon jezoensis

크기 약 25mm
시기 8~9월
분포 한국, 일본 등

얼룩무늬 다리

갈색 반점

노르스름한 몸

날개를 접고 앉은 애알락명주잠
자리 성충

이끼를 등에 붙인 유충

벌을 포획한 유충

걸어 다니는 가지

대벌레

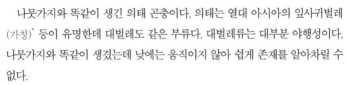

나뭇가지와 똑같이 생긴 의태 곤충이다. 의태는 열대 아시아의 잎사귀벌레(가칭)* 등이 유명한데 대벌레도 같은 부류다. 대벌레류는 대부분 야행성이다. 나뭇가지와 똑같이 생겼는데 낮에는 움직이지 않아 쉽게 존재를 알아차릴 수 없다.

대벌레는 15종이 넘는데 흔한 것은 과명과 같은 이름의 대벌레와 긴수염대벌레다. 서로 닮은꼴이지만 대벌레는 더듬이가 짧은 반면 긴수염대벌레는 길다. 둘 다 수컷의 수가 매우 적기에 보통 암컷 혼자 알을 낳아 수를 불린다. 성충은 10cm 남짓인데 성충이 되어도 날개가 돋지 않아 날 수 없다. 날개가 돋는 것은 날개대벌레류다. 그중 과명과 같은 이름의 날개대벌레는 자주 목격되는 종으로 졸참나무에 많다.

대벌레는 대벌레류 중에서 가장 흔한 종으로 도심 속 공원에서도 자주 목격된다. 대벌레의 분류가 완벽하지 않았던 시절에는 대벌레와 긴수염대벌레가 혼동되곤 했으나 지금은 완전히 자리를 잡았다. 긴수염대벌레는 졸참나무나 팽나무, 벚나무 등의 잎을 먹어 잡목림에 많다.

여름 끝자락이면 대벌레와 긴수염대벌레는 알을 흩뿌리듯 땅에 떨어뜨린다. 대벌레류의 알은 식물의 씨와 닮았다. 이듬해 5월경 마치 씨가 싹트듯 유충이 부화하여 나무에 오른다.

---

* *Pulchriphyllium bioculatum*

대벌레목 대벌레과
대벌레

Baculum irregulariterdentatum

크기 약 100mm
시기 5~10월
분포 한국 전역, 일본 혼슈~규슈 등

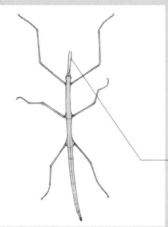

더듬이가 짧음. 닮은꼴인 긴수
염대벌레는 더듬이가 길어서 둘
을 구별할 수 있음.

더듬이가 긴 긴수염대벌레

식물의 씨처럼 생긴 대벌레 알

대벌레는 더듬이가 짧음

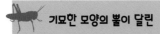

뿔매미는 노린재목 매미아목의 곤충이다. 매미아목은 매미가 속한 분류로 이름으로 알 수 있듯 뿔매미는 매미와 가까운 종이다. 가슴에 기묘한 모양의 뿔이 달린 것이 특징인데 브라질리언뿔매미(가칭)* 등 중남미 뿔매미의 기상천외한 모습은 실로 놀랍다. 한국과 일본에도 뿔매미가 몇 종 서식한다. 열대에 사는 종에 비하면 수수하지만 황소뿔매미처럼 근사한 뿔이 달린 종도 있다.

어떤 뿔매미의 뿔은 식물의 가시처럼 생겨 쓰임새를 짐작할 수 있지만 브라질리언뿔매미의 뿔은 왜 달렸는지 짐작할 수 없다. 일반적으로 곤충의 가슴은 앞가슴, 가운데가슴, 뒷가슴으로 나뉜다. 배쪽에는 각각 한 쌍의 다리가 달렸다. 등쪽에는 가운데가슴과 뒷가슴에 각각 한 쌍의 날개가 달린 반면 앞가슴에는 아무것도 없다. 먼 옛날 곤충이 날개를 갖기 시작했을 무렵 서식했던 고망시목古網翅目은 앞가슴 등판에도 날개 같은 게 있었다. 앞가슴은 뭔가로 변신하고 싶어 안달이 난 부분인지도 모른다. 장수풍뎅이도 일본 종은 머리에 긴 뿔이 있지만 헤라클레스장수풍뎅이나 코카서스장수풍뎅이는 앞가슴 등판에 멋들어진 뿔이 있다. 뿔매미의 뿔도 앞가슴 등판에 돋아 있다.

뿔매미류는 입이 바늘처럼 생겨 매미처럼 식물의 즙을 빤다. 매미 유충은 땅속에 살지만 뿔매미 유충은 성충과 거의 같은 곳에 산다. 뿔매미 중에는 진딧물처럼 개미와 공생하는 종도 있다. 어디에나 있는 외뿔매미의 주변에는 곧잘 검은풀개미가 꼬여 있다. 개미가 다가가서 접촉하면 뿔매미는 진딧물처럼 개미에게 배설물을 제공한다. 근처에 개미가 있으면 외부의 적으로부터 몸을 보호할 수 있다.

---

* *Bocydium globulare*

노린재목 뿔매미과
뿔매미(황소뿔매미)

Periaman nitobei

크기 약 7–10mm
시기 7–8월
분포 한국, 일본 등

※ 참빗살나무에 있는 일본 최대의 뿔
매미

검은풀개미와 공생하는
외뿔매미 유충

외뿔매미 성충

남미의 브라질리언뿔매미는
기묘한 뿔을 가졌다

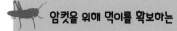
밑들이

　곤충 중에서도 유독 기원이 오래된 종 가운데 하나다. 2억 5천만 년도 더 전인 페름기, 즉 고생대의 마지막 시기부터 서식하여 화석도 발견됐다. 밑들이라는 이름은 배가 말려 전갈처럼 위로 들린 수컷의 모습에서 비롯됐다. 그 때문에 영어명은 스코피온플라이scorpionfly다. 다소 습한 풀숲이나 숲에 서식하며 날씨가 궂은 날에도 나와 잎 위에 앉아 있을 때가 많다.

　가장 흔히 보이는 것은 제주밑들이다. 일본에서는 혼슈에서 규슈에 걸쳐 서식하고 크기는 15~20mm 정도다. 일 년에 두 번 발생하는데 초여름인 5~6월에 나타나는 것은 몸이 검은색인 반면 8월부터 9월 사이에 나오는 것은 붉은기가 돌아 대모밑들이(가칭)*로도 불린다. 색깔이 달라서 이전에는 다른 종으로 여겨졌으나 실은 제주밑들이의 계절형이다.

　제주밑들이는 주로 육식을 하여 쇠약한 벌레를 잡아먹는다. 죽은 벌레도 가리지 않으며 산딸기 같은 열매 주변에도 모인다. 재미있는 것은 수컷과 암컷의 교미다. 먹이를 발견한 수컷은 먹지 않고 그 자리에서 대기한다. 이따금 날개를 움직여 암컷에게 먹이가 있다는 신호를 보낸다. 자신이 먹지 않고 암컷을 위해 먹이를 확보하는 것이다. 밑들이 중에는 소화가 되지 않은 먹이를 토해 내어 암컷에게 주는 종마저 있는 모양이다.

　결혼 선물이라고 불리는 이런 행동은 각다귀붙이나 춤파리에게서도 볼 수 있다. 그들은 모두 육식성이다. 밑들이 수컷은 암컷에게 먹힐 위험이 있었는지도 모른다. 그런 사태를 막기 위한 행동일 수도 있지만 먹이로 암컷을 낚다니 제법 그럴싸하다.

---

* *Panorpa klugi*. ベッコウシリアゲ. 대모ベッコウ는 바다거북의 일종. 붉은 기가 도는 황갈색 혹은 다갈색을 띰.

밑들이목 밑들이과
밑들이(제주밑들이)
Panorpa approximata

크기 약 15~20mm
시기 4~9월
분포 한국 제주도, 일본 혼슈~규슈, 중국, 대만, 동남아시아 일대 등

— 초여름에는 검은색이지만 초가을에 나오는 것은 누런색

— 배 끝이 말린 것은 수컷뿐

제주밑들이 수컷. 배 끝이 전갈의 꼬리처럼 위로 말렸음

암컷에게 먹이를 선물한 후 교미

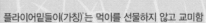

플라이어밑들이(가칭)는 먹이를 선물하지 않고 교미함

＊ *Panorpa pryeri*

제 4 장

야산과 물가에 사는 곤충들

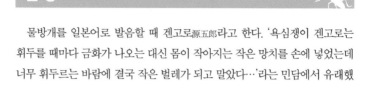
물방개를 일본어로 발음할 때 겐고로源五郎라고 한다. '욕심쟁이 겐고로는 휘두를 때마다 금화가 나오는 대신 몸이 작아지는 작은 망치를 손에 넣었는데 너무 휘두르는 바람에 결국 작은 벌레가 되고 말았다…'라는 민담에서 유래했다고 한다.

이야기의 진위는 둘째치고 물방개는 논에서 벼농사를 지어 온 일본인에게 굉장히 친숙한 곤충이었으리라. 물방개는 수생곤충으로 유충과 성충 모두 물속에서 산다. 육식성이지만 산란은 휴경논의 벗풀 같은 수생식물에 한다. 물방개는 논과 함께 살아왔다고도 할 수 있다.

물방개류는 일본에 무려 130종가량 서식한다. 물방개라고 하면 과명뿐 아니라 동명의 종을 가리킬 때가 많다. 논에 농약을 치고 논경지를 정비하는 통에 물방개 개체수가 감소하여 멸종 위기에 처했다. 적어도 도쿄에서는 멸종했다.

물방개와 닮은 대형종으로 샤프물방개붙이(가칭)*라는 것도 있다. 이미 멸종된 것으로 판명 났으나 다시 발견되어 지금은 각지에 국소적으로 살아남아 있다. 그러나 여전히 멸종위기종이다.

물방개와 샤프물방개붙이 모두 인기 있는 곤충이라 사육하는 사람이 많다. 그러다 보니 언젠가 겨울철에 월동하던 개체가 대량 포획된 적이 있다. 샤프물방개붙이는 2011년 일본 국내 희소야생동식물종으로 지정되어 양도가 금지되었다. 사육 환경에서는 쉽게 불어난다고 하니 현재 사육되는 개체를 번식시켜 서식지로 돌려보내는 시도가 필요해 보인다.

* *Dytiscus sharpi*

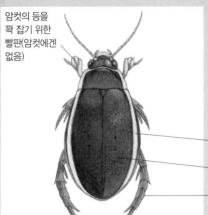

암컷의 등을 꽉 잡기 위한 빨판(암컷에겐 없음)

딱정벌레목 물방개과
물방개

Cybister chinensis

크기 약 35mm
시기 4–10월
분포 한국, 일본, 중국, 러시아 시
          베리아, 대만 등

— 노란 테두리

— 물속에서는 녹색으로 보임

— 털이 잔뜩 나 있음

헤엄치는 물방개

멸종이 우려되는 샤프물방개붙이

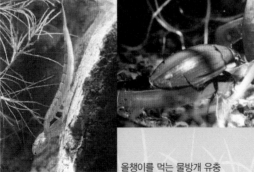

올챙이를 먹는 물방개 유충

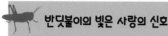
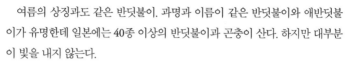

반딧불이

여름의 상징과도 같은 반딧불이. 과명과 이름이 같은 반딧불이와 애반딧불이가 유명한데 일본에는 40종 이상의 반딧불이과 곤충이 산다. 하지만 대부분이 빛을 내지 않는다.

일본에만 서식하는 겐지반딧불이(가칭)*는 15mm 정도의 대형종으로 아오모리현에서 규슈에 걸쳐 분포한다. 규슈에서 간토 지방에서는 5월 말부터 6월 초, 나가노현 등 서늘한 지역에서는 6월 말부터 7월 초, 아오모리현 등 북단에서는 7월에 접어들어 발생한다. 겐지반딧불이와 닮은꼴인 애반딧불이는 홋카이도에서 규슈에 걸쳐 분포한다. 애반딧불이는 한국에서도 볼 수 있다. 개체수가 줄어 전라북도 무주 일원의 반딧불이 서식지는 천연기념물로 지정되어 보호되고 있다고 한다.

애반딧불이는 반딧불이의 약 절반 크기로 빛을 내는 방식이 다르다. 1초에 두 번 정도 깜박깜박 점멸하는 것은 애반딧불이. 반면 반딧불이는 빛을 내는 시간이 길어서 동일본에서는 4초에 한 번 반짝이고 서일본에서는 2초에 한 번 반짝인다.

사는 장소와 유충의 먹이도 조금 다르다. 반딧불이는 물이 흐르는 장소에 살며 다슬기라는 고둥만을 먹고 자란다. 애반딧불이는 논이나 습지 등 물이 흐르지 않는 장소에 살며 다슬기뿐만 아니라 우렁이 등 대부분의 고둥을 먹고 자란다. 반딧불이가 서식하는 데는 환경도 중요하지만 먹고 자랄 고둥도 많아야 한다.

반딧불이류는 빛으로 동료와 소통한다. 빛을 내며 날아오르는 반딧불이는 사실 대체로 수컷이다. 암컷은 풀숲에 숨어 약한 빛을 발한다. 수컷이 암컷을 발견하고 다가가 밝은 빛을 점멸하면 암컷도 응답하듯 강한 빛을 내고 마침내 둘은 교미한다.

---

* *Nipponoluciola cruciata*

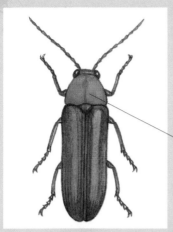

딱정벌레목 반딧불이과
반딧불이(겐지반딧불이)

Nipponoluciola cruciata

크기 약 15mm
시기 6~7월
분포 일본 혼슈~규슈 등

닮은꼴인 애반딧불이와 달리 검은 줄 위에
마름모 모양이 얹혀 있음

잎 위에서 빛나는
반딧불이

다슬기를 먹는 반딧불이 유충

애반딧불이는 가슴의 검은 줄이
곧고 두껍게 뻗어 있음

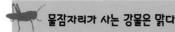

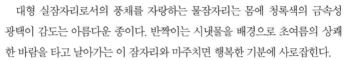

물잠자리

대형 실잠자리로서의 풍채를 자랑하는 물잠자리는 몸에 청록색의 금속성 광택이 감도는 아름다운 종이다. 반짝이는 시냇물을 배경으로 초여름의 상쾌한 바람을 타고 날아가는 이 잠자리와 마주치면 행복한 기분에 사로잡힌다.

강두렁 풀에 앉아 이따금 날개를 여닫는다. 날개는 보는 각도에 따라 아름다운 금속성 광택을 띤 군청색으로 빛난다. 사실 이 색은 구조색이라는 것으로 정말 청록색 색소가 있는 게 아니라 날개의 미세한 구조에 빛이 간섭을 받아 나타난다.

조금 더 대형인 검은물잠자리는 물잠자리와 꼭 닮아서 날개가 검고 몸통도 똑같은 청록색이다. 다만 물잠자리보다 광범위한 지역에서 볼 수 있고 날개가 군청색으로 빛나지는 않는다. 물잠자리라고 해도 수컷의 날개만 군청색으로 빛나며 암컷의 날개는 온통 까맣고 끝에 작은 흰 점이 있다. 검은물잠자리 암컷은 흰 점이 없어 구별하기 좋다.

물잠자리 수컷은 아름다운 색을 구애에 이용한다. 암컷이 나타나면 수컷은 아름다운 날개를 과시하듯 암컷 주변을 왔다 갔다 한다. 때로는 직접 암컷 앞 수면에 몸을 누이고 냇물의 흐름에 몸을 맡긴 채 존재를 알린다.

물잠자리는 어디에나 있는 건 아니고 수생식물이 풍부한 맑은 개울에서만 볼 수 있다. 주위 환경이나 수질에 매우 민감하기 때문이다. 지역에 따라서는 적색목록*에 올라 감소가 우려되는데 맑은 물이 흐르는 환경을 좋아하여 환경 지표로 이용할 수 있다. 물잠자리가 사는 강은 어김없이 맑은 강이다.

---

* 멸종 위험의 정도에 따라 절멸종, 심각한 위기종, 취약종 등 9개의 단계로 나누는 것. 국제자연보호연맹IUCN이 2~5년마다 발표함.

아름다운 금속성 광
택이 도는 청록색

잠자리목 물잠자리과
물잠자리

Calopteryx japonica

크기 뒷날개 길이 31-40mm, 배
길이 41-45mm

시기 5-8월

분포 섬 지방을 뺀 한국 전역, 일
본 혼슈, 규슈, 중국 동북부,
러시아(아무르, 시베리아 중
부) 등

수컷은 푸른빛으로 아름답게 빛
남. 근연종인 검은물잠자리는
거무스름한 색

교미 중인 물잠자리.
암컷(아래)은 앞날개에
흰 무늬가 있음

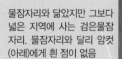

물잠자리와 닮았지만 그보다
넓은 지역에 사는 검은물잠
자리. 물잠자리와 달리 암컷
(아래)에게 흰 점이 없음

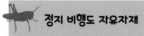

장수잠자리

공중을 오가다가 때때로 제자리에 멈춰 주변의 낌새를 살핀다. 하늘을 미끄러지듯 난다는 말이 있는데 수컷 장수잠자리의 자태는 그 표현에 딱 들어맞는다. 제자리에서 나는가 싶더니 별안간 이동한다. 거의 수평으로 이동하는데 날갯짓에도 흔들림이 없다.

비밀은 날개에 있다. 사실 네 장의 날개는 따로따로 움직일 수 있다. 양력과 추진력을 마음대로 조절할 수 있어 정지 비행도 수평 이동도 자유자재로 구사한다.

수컷이 멈추는 곳은 대체로 작은 물줄기가 흐르는 장소다. 산란하러 온 암컷을 찾는 것이다. 암컷 장수잠자리가 산란하는 곳은 대개 폭이 수십 센티미터 정도인 좁은 수로다.

과거에 이러한 실험을 했었다. 수컷 장수잠자리가 많은 장소에 작은 휴대용 선풍기를 놓아두었다. 근처까지 수컷이 날아와 날갯짓을 하고 때로는 선풍기에 몸을 부딪치기도 했다. 선풍기 날개를 원반으로 바꾸고 초록이나 파랑, 검정으로 나눠 칠한 경우에는 더 돌진해 왔다. 돌아가는 선풍기 날개가 정지 비행 때 빛에 반짝이는 날개와 비슷해 보인다고 한다.

장수잠자리는 나는 곤충을 쫓아 공중에서 포획하므로 눈이 무척 좋을 것 같지만 오히려 가만히 있는 것은 거의 보지 못한다고 한다. 인간의 시력으로 따지면 0.01 정도인 모양이다. 그러나 동체 시력은 뛰어나다. 움직인다고 해도 세부적인 것까지 볼 수는 없지만 우리가 쫓지 못하는 작은 벌레의 움직임도 놓치지 않는다.

노란색과 검은색 줄무늬

잠자리목 장수잠자리과
장수잠자리
Anotogaster sieboldii

크기 약 100mm
시기 6~9월
분포 한반도 전역, 일본 홋카
      이도~오키나와, 극동
      러시아, 중국, 대만 등

꼬리로 수면을
내리쳐 산란하는
암컷

강 위를 오가는 장수잠자리

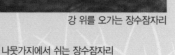

나뭇가지에서 쉬는 장수잠자리

왕잠자리는 날개를 펴면 10cm가 넘는 대형종으로 4월 말부터 11월 무렵까지 한국과 일본 전역에서 볼 수 있다. 어디에나 있지만 막상 잡으려고 하면 좀처럼 잡히지 않는다. 눈이 좋은 데다가 운동신경이 뛰어나기 때문이다. 공중에 멈춰 있다고 생각한 순간 방향을 바꿔 순식간에 사라져 버린다. 어디를 가는가 하면 자기 영역에 들어온 다른 수컷을 쫓아간 것이다. 왕잠자리는 수준급 비행 능력의 소유자로 네 장의 날개를 따로따로 움직여 공중에 멈추었다가 갑자기 방향을 바꿀 수 있다.

수컷은 정해진 곳을 오가거나 연못 주위를 빙빙 돌며 영역을 펼치는 습성이 있다. 정지 비행할 때가 포획 찬스다. 하지만 눈에 띄지 않게 채집망을 숨기고 단번에 잡지 않으면 포획은 실패한다.

왕잠자리를 채집하는 방법은 이러하다. 먼저 암컷을 잡는다. 암수가 이어진 채 산란하러 온 순간을 노린다. 뒤에 있는 것이 암컷이다. 성숙한 암컷의 날개는 검은빛을 띠므로 색으로도 구별할 수 있다. 운 좋게 암컷을 잡았다면 그 몸에 실 한쪽 끝을 묶고 다른 쪽 끝을 막대에 묶는다. 이른바 잠자리 낚시다. 막대를 잡고 암컷을 날리면 우습게도 영역을 펼치던 수컷이 암컷에게 덤벼들어 떨어지지 않으므로 수컷을 사로잡을 수 있다.

왕잠자리 암수는 이어진 채 물속 식물 등에 산란한다. 다른 수컷에게 암컷을 빼앗기지 않기 위한 수컷의 노력이다. 물속이라고 하면 수초가 많은 연못이나 휴경논 등을 의미하는데 산란 장소가 사라지면 지금은 수가 많더라도 앞으로는 줄어들지도 모르겠다.

잠자리목 왕잠자리과
왕잠자리

Anax parthenope

크기 몸길이 48–54mm
시기 4–10월
분포 한국, 일본, 중국, 대만 등

성숙한 암컷은 날개가 거무스름함

파란색

산란하는 왕잠자리

영역을 날다가 가끔 제자리에 멈춤

우화한 왕잠자리

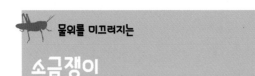

소금쟁이는 노린재목 육식 곤충으로 물 위에 산다. 물에 몸을 띄울 수 있어 보트의 노를 젓듯 긴 다리를 움직여 수면 위를 이동한다. 위에서 보면 네 개처럼 보이지만 소금쟁이도 엄연히 곤충이므로 당연히 다리는 여섯 개다. 짧은 앞다리는 사냥감을 누르거나 할 때 쓰고 헤엄칠 때 쓰는 것은 가운데 다리와 뒷다리다.

다리와 맞닿은 수면이 움푹 패어 보이는 것은 물의 표면장력 때문이다. 소금쟁이의 다리에는 미세한 털이 나 있어 물을 튕겨 낸다. 바로 그 원리로 물에 뜰 수 있는 것이다. 세제 등에 포함된 계면활성제는 소금쟁이에게 치명적이다. 계면활성제가 표면장력을 제거하여 세제가 섞인 물 위에서는 제대로 헤엄칠 수 없다.

입이 바늘처럼 생긴 소금쟁이는 물에 떨어진 곤충의 체액을 빨아먹는다. 먹이 곤충이 수면에서 발버둥 칠 때 이는 파문을 민감하게 감지하고 모여든다. 우선 소화액을 주입해 녹인 다음 체액을 빤다. 육식성인 노린재목 곤충은 모두 이 방법을 쓰는데 물장군 같은 대형종에게 쏘이면 몹시 고생한다. 작은 몸집 때문인지 소금쟁이에게 쏘였다는 이야기는 별로 들어 본 적이 없지만 조심하는 편이 좋을지도 모른다.

일본에 사는 소금쟁이는 25종 정도인데 흐르는 물에만 사는 종이나 바다에만 사는 종도 있다. 날 수 없을 것 같지만 대다수가 성충이 되면 날 수 있다. 그러므로 금방 마를 듯한 웅덩이에 소금쟁이가 있어도 그들의 미래를 걱정할 필요가 없다. 보다 환경이 좋은 곳으로 알아서 쉽게 이동할 테니까 말이다.

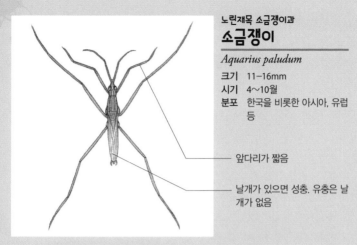

노린재목 소금쟁이과
소금쟁이

Aquarius paludum

크기 11~16mm
시기 4~10월
분포 한국을 비롯한 아시아, 유럽
　　 등

— 앞다리가 짧음

— 날개가 있으면 성충. 유충은 날
　 개가 없음

교미하는 소금쟁이

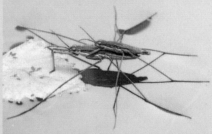

하늘을 날 수 있음

물위에 떨어진 나방의
체액을 빨아먹음

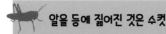

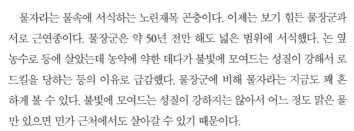

물자라

물자라는 물속에 서식하는 노린재목 곤충이다. 이제는 보기 힘든 물장군과 서로 근연종이다. 물장군은 약 50년 전만 해도 넓은 범위에 서식했다. 논 옆 농수로 등에 살았는데 농약에 약한 데다가 불빛에 모여드는 성질이 강해서 로 드킬을 당하는 등의 이유로 급감했다. 물장군에 비해 물자라는 지금도 꽤 흔하게 볼 수 있다. 불빛에 모여드는 성질이 강하지는 않아서 어느 정도 맑은 물만 있으면 민가 근처에서도 살아갈 수 있기 때문이다.

물속에 사는 노린재목 곤충은 모두 육식성으로 배 끝의 호흡관을 노즐처럼 수면에 내놓고 호흡한다. 몸집이 큰 물장군은 개구리나 물고기를 잡아 체액을 빨지만 물자라는 조개류나 소형 수생곤충을 잡아 즙을 빤다.

물자라는 등에 알을 짊어지고 있다. 그런 방식으로 아이를 돌보는 것은 암컷이 아닌 수컷이다. 물자라는 암컷이 수컷의 등에 알을 하나 낳을 때마다 교미한다. 그러니까 50개의 알을 등에 짊어진 수컷이라면 50번을 교미한 셈이다. 수컷은 물 밖으로 알을 드러내어 산소를 공급하면서 알이 부화할 때까지 보살핀다.

수컷 물장군은 암컷이 산란하기 좋은 물위의 말뚝에 있다가 암컷이 오면 교미한다. 알을 낳은 암컷은 떠나 버리지만 수컷은 그 자리에 머물며 알을 지킨다. 물자라와 마찬가지로 수컷이 알을 보호하는 것이다.

노린재목 물장군과
물자라

Appasus japonicus

크기 약 20mm
시기 5-10월
분포 한국, 일본, 중국 등

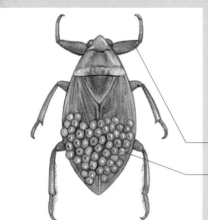

— 낫처럼 생긴 앞다리

— 초여름 무렵 수컷은 등에 알을
짊어지고 있음

수컷의 등에서 부화한 알

알을 지키는 수컷 물장군

알을 짊어진 수컷 물자라

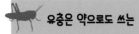

유충은 약으로도 쓰는

뱀잠자리

참으로 기분 나쁜 이름이지만 포획할 때 섣불리 배나 날개를 쥐면 마치 뱀처럼 몸을 틀어 날카로운 큰턱으로 문다. 뱀잠자리는 몸 길이 60mm, 날개를 펴면 10cm 가까이 되는 대형 곤충으로 과거에는 명주잠자리, 풀잠자리와 함께 풀잠자리목에 속했으나 현재는 뱀잠자리목으로 독립했다.

성충은 5월경부터 9월경까지 활동하며 야행성이다. 강 근처 숲에 장수풍뎅이를 잡으러 가면 나뭇진을 찾아온 뱀잠자리가 보인다. 나뭇진을 핥아먹을 뿐만 아니라 나뭇진에 꼬인 벌레도 잡아먹는 듯하다. 강가에 자주 출몰하는 이유는 유충이 강에 살기 때문이다. 성충은 등불에 날아들기도 한다. 강 근처 숙소에 묵을 때면 불빛에 모인 모습을 쉽게 볼 수 있다.

유충은 강 속에서 다른 벌레를 잡아먹는 사나운 곤충이다. 최근에는 찾아보기 힘들지만 옛날 일본에는 뱀잠자리 유충을 취급하는 한약방이 있었다. 그곳에서는 애벌레구이라면서 여러 마리의 유충을 꼬치에 끼우고 새까맣게 구워 팔았다. 경기가 들린 아이에게 잘 듣는다고 했다. 그 밖에 위장병이나 폐렴에도 효과가 있다고 하니 거의 만병통치약이다. 진위 여부는 알 수 없지만 강도래나 하루살이 같은 수생곤충은 별미로 팔렸다고 하니 꽤 맛있었나 보다.

어렸을 적 할머니가 뱀잠자리 유충 이야기를 자주 했다. 한번은 사 와서 먹어 보라고 권했지만 꺼림직해서 사양했다. 지금 생각하면 참 아쉽다. 작은 새우 맛이 났을 것 같다.

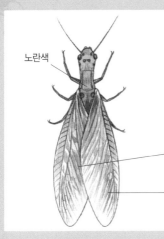

노란색

뱀잠자리목 뱀잠자리과

뱀잠자리

Protohermes grandis

크기 약 65mm
시기 5–9월
분포 홋카이도～규슈

날개에도 노란 점들이 있음

앉을 때는 큰 날개를 접고 앉음

물속에 사는 뱀잠자리 유충

불빛을 보고 날아와 벽에 앉아 있는 모습

정포낭*을 먹는 암컷. 그러는 동안
정자가 몸속에 들어가게 됨

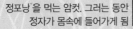

* 精包囊. 정자를 넣는 집. 수컷이 만들면 암컷이 몸 안에 넣어 수정한다.

제 5 장

이름난 곤충들

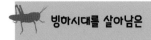

빙하시대를 살아남은

황모시나비

일본에서는 홋카이도 다이세쓰 산맥과 도카치다케 연봉連峯에만 사는 고산나비로, 한반도 동북부지방의 고원 초지대[*], 외국에서는 알래스카나 러시아 연해주 등 북극을 에워싼 지역에 분포한다. 모시처럼 얇은 날개를 가진 노란 황모시나비는 호랑나비과에 속하는 모시나비아과 곤충이다. 일본이 대륙과 이어져 있던 빙하시대에 일본에 건너왔다가 고산에 남겨진 것으로 추측된다.

고산의 혹독한 환경에 살기 때문에 성장하는 데 꼬박 2년이 걸린다. 첫 번째 해는 알로, 두 번째 해는 번데기로 겨울을 난다. 나비 애호가가 동경하는 나비지만 천연기념물로 지정되어 포획이 금지되어 있다. 유충은 망아지풀(국내미기록종)[**] 등을 먹고 자란다. 황모시나비가 너무 늘면 망아지풀이 피해를 볼 테니 조금은 포획해도 될 것 같지만 둘은 긴 시간 균형을 유지해 왔기에 관계가 무너지는 일은 없을 것이다.

활동 시기는 6월 중순부터 8월. 일본 다이세쓰산에는 아직 눈 덮인 골짜기가 많은 듯하다. 그러나 황모시나비가 사는 고산대는 눈이 빨리 녹아서 맑은 날에는 오히려 더울 정도다. 또 궂은 날, 기온이 내려가고 안개가 낀 날은 나비가 전혀 활동하지 않는다.

일본 소운쿄 근처 긴센다이에서 한 시간 반 정도면 도착하는 해발 1,842m의 고마쿠사다이라는 장소에서 비교적 쉽게 황모시나비를 볼 수 있다. 특히 맑은 날이면 황모시나비가 많이 날아다닌다. 일본에서는 홋카이도 고산대에만 있는 또 다른 천연기념물 프레이야표범나비(가칭)[***], 대설산뱀눈나비(가칭)[****]도 볼 수 있다. 주변에는 보전을 위해 밧줄이 둘러쳐져 있어 사진 촬영을 하려면 망원렌즈가 필수다.

---

[*]   황모시나비의 북한명은 노랑모시범나비
[**]   *Dicentra peregrina*, 일본의 천연기념물
[***]   *Freija fritillary*
[****]   *Oeneis melissa*, 정확히는 산뱀눈나비속의 일종

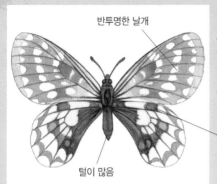

반투명한 날개

털이 많음

나비목 호랑나비과
황모시나비

Parnassius eversmanni

크기 앞날개 길이 약 30mm
시기 6~7월
분포 한반도 동북부지방 고원 초
지대, 알레스카, 극동러시
아, 일본 홋카이도 고산 등

붉은 무늬가 있음

우화 직후의 황모시나비

망아지풀을 먹는 유충

근연종인 북방모시나비(가칭)*는 한국 고지대, 홋카이도에서
시코쿠 등에 분포함

* *Parnassius glacialis*

195

기후나비(가칭)[*]

나비 애호가에게 봄 들어 처음 마주친 나비는 무척 반갑다. 봄의 여신이라고도 불리는 기후나비는 일 년에 딱 한 번 벚꽃이 피는 시기에만 나타난다. 일본 특산종으로 호쿠리쿠나 혼슈 서부를 중심으로 분포한다. 옛날에는 도쿄의 다마 구릉에도 있었으나 이제는 볼 수 없다. 호랑나비과에 속하는 종으로 날개를 펴면 5cm 정도 된다. 메이지시대에 기후현에서 처음 발견되어 기후나비라는 이름이 붙었다.

기후나비가 사는 곳은 마을 근처의 활엽수림이다. 이른 봄 숲속은 햇빛이 땅까지 내리쬐어 봄에만 피는 얼레지 꽃 등이 일제히 피어난다. 꽃의 꿀을 찾아 이른 봄 가련한 꽃에 내려앉는 기후나비의 자태는 정말 아름답다.

기후나비는 햇빛이 들지 않는 어두운 삼나무 숲이나 울창하기만 한 숲에는 살 수 없다. 기후나비 애벌레는 족도리풀속 식물의 잎만 먹는다. 그 식물 또한 봄에는 밝고 여름에는 그늘이 지는 환경을 좋아한다. 활엽수림이 삼나무 숲 등으로 변하면서 지난 40여 년간 기후나비는 쇠퇴해 왔다. 마을 근처에 사는 나비의 삶은 인간이 어떤 삶을 사는가에 좌우된다.

일본 나가노현에서 홋카이도 사이에 기후나비와 꼭 닮은 애호랑나비가 산다. 두 종은 어째서인지 함께 살 수 없는 모양이다. 그래서 두 나비가 사는 지역의 경계선을 그들의 학명을 따서 루돌피아 라인이라고 부른다. 나가노현의 하쿠바나 야마가타현의 사케가와처럼 두 종이 모두 관찰되는 귀한 장소도 있다. 그런 장소를 다 함께 보존해 나가면 좋겠다.

---

[*] *Luehdorfia japonica*

나비목 호랑나비과
기후나비(가칭)

Luehdorfia japonica

크기 앞날개 길이 약 30mm
시기 4월
분포 일본 혼슈 등

노란 무늬 끝이 안쪽으로 꺾여
있음. 애호랑나비는 이 부분이
일직선임

오렌지색. 애호랑나비는 노란색

끝이 굵음. 애호랑나비는 가늚

얼레지 꽃의 꿀을 빠는 애호랑나비

족도리풀*에 산란하는 기후나비

얼레지 꽃의 꿀을 빠는 기후
나비

* *Asarum takaoi*, 정확히는 족도리풀의 일종

197

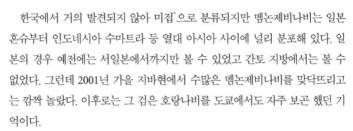

멤논제비나비

한국에서 거의 발견되지 않아 미접*으로 분류되지만 멤논제비나비는 일본 혼슈부터 인도네시아 수마트라 등 열대 아시아 사이에 널리 분포해 있다. 일본의 경우 예전에는 서일본에서까지만 볼 수 있었고 간토 지방에서는 볼 수 없었다. 그런데 2001년 가을 지바현에서 수많은 멤논제비나비를 맞닥뜨리고는 깜짝 놀랐다. 이후로는 그 검은 호랑나비를 도쿄에서도 자주 보곤 했던 기억이다.

간토 지방에서는 현재 군마현의 시모니타 근방까지 분포가 확대됐다. 시모니타 지역은 파로 유명하지만 유자도 재배한다. 멤논제비나비 유충은 운향과 식물의 잎을 먹는다. 도쿄 도심 등에도 가로수 밑 같은 곳에 귤나무나 자몽나무가 꽤 있어서 살기 좋은 모양이다. 게다가 유자는 귤보다 추위에 강하다. 번데기가 얼마나 추위에 강한지가 관건이지만 겨울 기온이 높아지면 멤논제비나비는 유자가 있는 지역까지 분포를 넓힐 수 있는 듯하다.

호랑나비류는 대체로 뒷날개에 꼬리처럼 생긴 미상돌기가 있다. 멤논제비나비는 그 부분이 없어 한눈에 알아볼 수 있다. 하지만 미상돌기가 파손된 남방제비나비를 만났다면 헷갈릴지도 모르겠다. 앞날개 뒷면 뿌리에 자그마한 붉은 무늬가 있는 것도 멤논제비나비의 특징이니 헷갈리게 되면 그 부분을 확인하자.

멤논제비나비 수컷은 어디에 사는 개체든 거의 차이가 없다. 그렇지만 암컷은 상당히 다르다. 이를테면 혼슈와 규슈의 개체는 까맣고 뒷날개에 흰 무늬가 있다. 반면 아마미오섬 이남에 사는 멤논제비나비는 날개 전체가 하얘서 마치 다른 종처럼 보인다. 심지어 대만에 사는 암컷 개체는 다른 호랑나비처럼 미상돌기를 가졌다.

* 迷蝶, 길잃은 나비. 원래 발견되지 않던 곳에서 여러 가지 이유로 발견된 개체

암컷은 날개 앞면의 뿌리에도
붉은 무늬가 있음

암컷은 흰 무늬가 있음. 수컷은
없음

미상돌기가 없음

나비목 호랑나비과

멤논제비나비

Papilio memnon

크기 앞날개 길이 약 70mm
시기 5~9월(일본 혼슈 기준)
분포 일본 혼슈~오키나와, 열대
　　　아시아 등

수컷은 혼슈 개체와 오키나와 개체
가 구별되지 않음

혼슈의 암컷 멤논제비나비

흰 무늬가 크고 아름다운
아마미오, 오키나와 암컷

고산나비

눈나비

눈나비는 6~8월 한반도 동북부 고산지, 야쓰가타케산이나 아사마 연봉, 일본 남알프스, 러시아 아무르나 우수리Ussuri 산악지대, 중국 동북부나 서부, 티베트, 유럽 북부나 알래스카 등 해발 1,500m 이상 고산대나 북극을 에워싼 추운 지역에서 관찰되는 고산나비다. 일본 북알프스에서는 가미고지에서 관찰되었으나 현재 멸종됐다고 한다. 혼슈에는 고산나비로 불리는 나비가 9종 산다. 눈나비 외에 높은산노랑나비, 깃주홍나비, 왕줄나비, 쐐기풀나비, 일본지옥나비, 높은산지옥나비, 산뱀눈나비속 종, 북방알락팔랑나비가 그것이다.

고산나비는 빙하시대에 건너왔다가 온난화로 인해 고산으로 쫓겨 갔다. 일본에는 대륙과 이어져 있던 빙하시대에 왔다가 날씨가 따뜻해지면서 고산대에 남겨진 것으로 추정된다. 고산나비 중에는 깃주홍나비처럼 장소에 따라 해발이 더 낮은 지역에서도 볼 수 있는 종이 있고, 눈나비나 높은산노랑나비, 높은산지옥나비, 산뱀눈나비속 종, 북방알락팔랑나비처럼 해발 1,500m 이상인 지역에서만 볼 수 있는 종이 있다.

고산나비는 인간이 살지 않는 지역에 사는 데다가 보호받고 있기에 인간의 출입이 잦은 장소를 제외하면 멸종될 걱정이 별로 없다. 하지만 지구 온난화로 지금보다 따뜻해지면 고산대에만 사는 곤충은 사라질 가능성도 있다.

나비목 흰나비과
눈나비

Aporia hippia

크기 앞날개 길이 약 35mm
시기 여름
분포 전 세계 고산대, 추운 지역

투명한 느낌의 날개

더운 날 습한 장소에 내려앉
아 물을 마시는 수컷 눈나비

집단으로 생활하는 유충

일본매나자무나 매발톱나무 잎에 알을 무
더기로 낳음

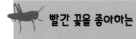

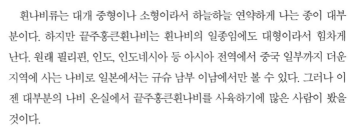

빨간 꽃을 좋아하는

끝주홍큰흰나비

흰나비류는 대개 중형이나 소형이라서 하늘하늘 연약하게 나는 종이 대부분이다. 하지만 끝주홍큰흰나비는 흰나비의 일종임에도 대형이라서 힘차게 난다. 원래 필리핀, 인도, 인도네시아 등 아시아 전역에서 중국 일부까지 더운 지역에 사는 나비로 일본에서는 규슈 남부 이남에서만 볼 수 있다. 그러나 이 젠 대부분의 나비 온실에서 끝주홍큰흰나비를 사육하기에 많은 사람이 봤을 것이다.

야외에서는 힘차게 날갯짓하며 산비탈 같은 높은 곳을 엄청난 속도로 날아다닌다. 빨간 히비스커스 꽃을 좋아하므로 그 근처에서 기다리면 날개를 V자 모양으로 빳빳이 편 채 급강하하는 모습을 볼 수 있다. 몇 번을 봐도 근사해서 가슴이 설렌다. 이런 활발한 나비를 나비 온실 같은 좁은 데서 어떻게 키우나 싶지만 의외로 온실 환경에 잘 적응하는 듯하다. 끝주홍큰흰나비는 해가 기울면 날개를 접고 앉는다. 그러면 말라 가는 잎처럼 수수해서 눈에 띄지 않는다.

사실 흰나비류 중에서 빨간 꽃을 찾는 종은 별로 없다. 흰나비는 대부분 빨간색을 보지 못하기 때문이다. 그런데 끝주홍큰흰나비는 빨간 꽃을 좋아한다. 자신의 앞날개 끝에 주홍색이 들어가 있으니 어쩌면 빨간색이 보이는 건 당연할지도 모른다.

끝주홍큰흰나비 애벌레는 어목이라는 쌍떡잎식물 나무의 잎을 먹는다. 양배추 같은 배추과 식물을 줘도 잘 큰다고 한다. 애벌레는 커다란 녹색 애벌레로 만지면 가슴을 부풀리고 상반신을 세우는데 어딘지 모르게 뱀과 비슷하다. 사실 그것은 의도된 행동이다. 뱀을 흉내 내어 작은 새를 겁주기 위한 의태 행위다.

나비목 흰나비과
끝주홍큰흰나비

Hebomoia glaucippe

크기 앞날개 길이 약 50mm
분포 일본 남부, 중국 남부, 동남
아시아 등

아름다운 오렌지색

수컷은 검은 점이 작지만 암컷
은 검은 점이 커서 돋보임

부겐빌레아의 꿀을 빠는 수컷

암컷은 뒷날개의 검은 무늬가 돋보임

배를 부풀린 유충은 뱀과 닮음

일본 신슈의 고원에는 7월 말부터 8월에 걸쳐 다양한 꽃이 흐드러지게 피고 나비들이 꽃의 꿀을 찾아 어지러이 난다. 그중에서 날개 편 길이가 10cm가 넘는, 유달리 크고 아름다운 나비가 보인다면 바로 왕나비다. 이름처럼 커다란 날개는 아주 옅은 남색을 띠고 있다.

왕나비가 관찰되는 때는 4~10월로 다른 시기에는 나비는 물론이고 알도 애벌레도 번데기도 볼 수 없다. 성충은 여름이면 한반도 중북부의 높은 산지나 홋카이도에서도 볼 수 있지만 겨울에는 남쪽의 제주도나 오키나와 등 따뜻한 지역에서만 볼 수 있다. 왕나비는 초여름에는 남에서 북으로, 가을에는 북에서 남으로 여행한다.

6월 초순 일본 나가노현에서는 해발 1,000m에서 1,500m 부근에 이케마라는 박주가리과 백미꽃속의 일종 덩굴 식물이 싹을 틔워 눈 깜짝할 새에 성장한다. 1주일 만에 사람 키보다 커지는 것도 있다. 그 사실을 아는 듯 어디선가 날아온 왕나비는 갓 피어난 연한 잎에 알을 낳는다. 애벌레는 그것을 먹고 자란다.

애벌레는 7월 말이면 나비가 되어 산 위에 모인다. 왕나비가 어지러이 나는 고원에는 반드시 벌등골나물이 피어 있다. 왕나비는 그 꽃을 좋아한다. 성페로몬을 만드는 수컷에게 그 꽃의 꿀이 필요한 모양이다.

꿀을 충분히 빨며 떠나기 전 휴식을 취하고 나면 드디어 남쪽으로 길을 나선다. 왕나비는 나비 중에서 거의 유일하게 국가를 넘나들 정도로 먼 거리 여행을 하는 종인데 한때 그 동선을 파악하고자 날개에 표시를 하고 놓아주는 마킹이 한창이었고, 제왕나비의 경우 멕시코에서 이동 경로를 알려주는 휴대폰 앱까지 등장했다고 한다. 곤충 이주 현상을 파악할 수 있으려면 장거리를 이주하는 곤충들을 보호해야 한다는 주장이 많아지고 있다.

나비목 네발나비과
왕나비

Parantica sita

크기 앞날개 길이 약 55mm
시기 4~10월
분포 동아시아부터 히말라야 산
　　　맥 높은 산지 등

연한 파란색을 띤 반투명 날개.
수컷은 탁한 갈색 성표가 있음

암컷은 뒷날개 테두리와 같은
적갈색

과거 왕나비에게 마킹을 하여
이동로를 파악한 모습

이케마에 산란하는 암컷

등골나물이 심긴 꽃밭에 모여 드는 왕나비

205

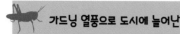
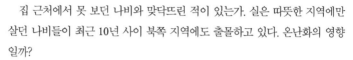

암끝검은표범나비

집 근처에서 못 보던 나비와 맞닥뜨린 적이 있는가. 실은 따뜻한 지역에만 살던 나비들이 최근 10년 사이 북쪽 지역에도 출몰하고 있다. 온난화의 영향일까?

대표적으로 암끝검은표범나비가 많이 보이고 있다. 암끝검은표범나비는 한국으로 말하면 제주도와 남해안에 서식하는 종으로 최근 서해안 도서 등 중북부지방까지 분포의 확대 추세를 보이는[*] 표범나비의 일종이다. 표범나비류는 대개 일 년에 한 번밖에 발생하지 않는다. 그러나 암끝검은표범나비는 날이 따뜻하면 여러 번 세대를 거듭한다. 정해진 월동 상태가 없어 겨울은 유충으로 나는 경우가 많다. 유충으로 월동하는 나비들은 대체로 겨울 동안 아무것도 먹지 않고 잠만 잔다. 그런데 암끝검은표범나비 유충은 겨울에도 잎을 먹는다. 그래서 겨울에 애벌레가 먹을 제비꽃류의 잎이 없으면 죽고 만다.

제비꽃은 보통 한겨울이라면 잎이 없지만 도시의 겨울 화단을 살펴보자. 혹시 팬지가 있진 않은가. 추위에 강하고 가격이 싸며 손이 덜 가서 공원 등에 심기 딱 좋다. 도시의 팬지는 가을부터 봄에 걸쳐 길가 화단이나 공원에 심긴다. 제비꽃과 식물이라서 암끝검은표범나비 애벌레도 먹을 수 있다. 애벌레의 먹이가 가득한 도시는 암끝검은표범나비에게 살기 좋은 장소다.

겨울에 항상 영하 5℃ 이하로 떨어져 있는 곳에서는 팬지도 시들지만 최근들어 비교적 추운 지역에서도 암끝검은표범나비가 아무렇지 않게 돌아다니는 걸 보면 역시 온난화의 영향이 큰 듯하다.

---

[*] 국립생물자원관, 기후변화생물지표100종. 2010.

나비목 네발나비과

암끝검은표범나비

Argyreus hyperbius

크기 앞날개 길이 약 35mm
시기 3~11월
분포 한국, 일본, 대만, 호주 등

암컷

—— 흰 무늬가 있음

—— 흰 무늬가 없음

수컷

—— 파란 테두리

수컷

암컷은 독나비인
끝검은왕나비와 닮음

견본: 독나비,
끝검은왕나비

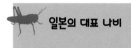

왕오색나비

왕오색나비는 일본의 국가 나비다. 나라에서 선정한 것은 아니고 1957년 일본곤충학회에서 선정되었다. 그 밖에 호랑나비, 도손청띠제비나비, 기후나비 등이 후보에 올랐다고 한다. 그중에서 왕오색나비가 뽑힌 이유는 분명 도손청띠제비나비와 기후나비는 홋카이도에 분포하지 않고 호랑나비는 너무 흔하기 때문이리라.

왕오색나비는 세계 최대급의 네발나비과 곤충으로 일본에서는 홋카이도와 규슈 사이에 서식한다. 한국 전역과 동아시아 등 널리 분포하는데 아무래도 가장 흔히 볼 수 있는 곳은 일본 혼슈일 것이다.

왕오색나비가 일본에서 흔한 이유는 일본의 뒷산 문화와 관련이 깊다. 뒷산 잡목림의 상수리나무나 졸참나무는 장작이나 숯의 원료로 왕오색나비는 그 나무의 수액을 좋아한다. 수액이 나온 원인으로 여러 단계가 있다. 먼저 굴벌레나방 유충이 나무 속에 자리를 잡으면 오랜 기간 수액이 나오고, 그곳에 말벌이 모여 흠집을 벌리게 되면 수액이 끝없이 배어나게 된다. 이는 발효되어 좋은 냄새를 풍겨서 왕오색나비를 비롯한 많은 곤충이 모여들게끔 한다.

왕오색나비 애벌레는 팽나무 잎을 먹는다. 팽나무는 어디에나 많은 나무로 겨울에 팽나무 밑의 낙엽을 들추면 남몰래 월동하는 애벌레를 찾을 수 있다. 하지만 인간이 낙엽을 모아 태우면 애벌레도 죽어 버리므로 정비된 공원 등에서는 찾아볼 수 없다.

나비목 네발나비과

왕오색나비

Sasakia charonda

크기 앞날개 길이 약 55mm
시기 6-8월
분포 한국 전역, 일본 홋카이도~
규슈, 중국, 대만 등

수컷은 보라색

수컷

암컷은 갈색

암컷

수컷 왕오색나비

팽나무 잎의 애벌레

수액에 모인
왕오색나비

홍점알락나비

홍점알락나비는 한국의 지역 축제 함평 나비대축제에서 대표나비로 선정된 바 있다. 그만큼 국내와 일본, 중국 등지의 외국에도 널리 분포해 있지만 일본에서는 원래 아마미오섬과 도쿠노시마섬에만 사는 희귀종이었다. 최근 20년 사이 가나가와현을 중심으로 도쿄, 사이타마 등에 자주 출몰하게 됐다. 다른 지방에 살던 개체가 날아와 정착한 것이 아니다. 생김새를 보면 알 수 있는데 뒷날개의 붉은 무늬가 살짝 다르다. 원래 둥근 고리 모양이어야 하는데 무늬가 덜 발달해 둥근 고리 모양이 아닌 것, 날개가 백화하여 흰빛을 띠는 것(봄형) 등 각기 특징이 다르다.

왜 다른 모습일까? 나비 중에는 태풍 등으로 떠밀려 와 일시적으로 길을 잃는 개체가 있다. 그렇지만 홍점알락나비는 바람을 타고 멀리까지 이동하지 않으므로 누군가가 방생한 중국 개체로 그 수가 늘어난 것으로 추정된다.

외국 나비를 주변에서 자주 볼 수 있게 되었다며 좋아하는 사람도 있겠지만 인위적으로 들어온 생물은 생태계에 심각한 영향을 끼칠 수 있어 무턱대고 좋아할 수만은 없다. 흑백알락나비는 새로 들어온 홍점알락나비와 비슷한 종으로 애벌레의 먹이도 똑같이 팽나무다. 그래서 경쟁이 붙으면 흑백알락나비가 피해를 입을까 봐 걱정하는 사람이 많다.

나비목 네발나비과

홍점알락나비

Hestina assimilis

크기 앞날개 길이 약 45mm
시기 4~10월
분포 한국, 일본, 중국 등지

흑백 얼룩무늬. 봄형은 검은 부분이 적음

붉은 무늬. 봄형은 없거나 또렷하지 않음

도쿄 한복판에서 산란하는 암컷

원래 도쿄에 있던 흑백알락나비

나무 위에 앉은 수컷

하얀 요정

왕얼룩나비

　왕얼룩나비는 종이연나비, 큰나무요정, 라이스페이퍼 등 다양한 별명을 가진 만큼 전 세계 나비 애호가들에게 인기가 높다. 일본에서는 가장 큰 나비라는 특징이 있다. 날개를 수평으로 펴면 15cm에 육박한다. 동남아시아, 대만 남부 등 열대 아시아에 널리 분포하는데 일본에서는 기카이섬 이남의 난세이제도에서 볼 수 있다. 서식지는 남쪽 섬으로 한정되지만 실제로 본 사람은 많을 것이다. 그도 그럴 것이 곤충관을 비롯한 살아 있는 나비를 전시하는 시설에서는 대개 왕얼룩나비를 사육하기 때문이다.

　대형 나비에게는 넓은 공간이 필요하지만 왕얼룩나비는 그리 크지 않은 온실에서도 쉽게 키울 수 있다. 온실 안에서의 자연 번식도 가능하다. 원래 왕얼룩나비는 해안가 숲에 서식하는데 작은 공간에서 여럿이 무리 지어 생활하기도 한다. 큰 몸집에 비해 의외로 활동 범위가 좁다. 보통 나비는 일반적으로 수명이 짧아 온실 안에서는 한 달이면 오래 산 편이다. 그런데 왕얼룩나비는 네 달도 거뜬히 사는 데다가 보기와는 다르게 날개가 튼튼해서 쉽게 망가지지 않는다. 온실의 덜 밝은 환경도 서식하기에 좋다.

　수컷은 암컷에게 구애할 때 꼬리에서 헤어펜슬hair-pencil이라고 불리는 털다발을 내민다. 그로부터 풍기는 성페로몬에는 먹이 식물의 알칼로이드에서 비롯된 화학물질이 포함되어 있다고 한다. 또 먹이 식물인 목본성 덩굴*만 있으면 얼마든지 알을 낳으므로 생태 전시에 적격이다. 애벌레가 먹는 목본성 덩굴은 협죽도과 식물로 줄기를 꺾으면 우유 같은 흰 액체가 흐른다. 그 액체에는 독성 알칼로이드가 함유되어 있는데 성충이 된 후에도 몸속에 남아 새에게 습격받을 일이 적다.

---

* *Parsonsia alboflavescens*

나비목 네발나비과

왕얼룩나비

Idea leuconoe

크기 앞날개 길이 약 70mm
시기 3–11월 (오키나와 기준)
분포 동남아, 일본 오키나와 등

흑백 얼룩무늬. 일본에서 가장
큰 나비

우화한 왕얼룩나비. 번데기의
금빛은 사라지고 없음

넓은 하늘을 유유히 나는 왕얼룩나비

아름다운 금색으
로 빛나는 왕얼
룩나비 번데기

큰홍띠점박이푸른부전나비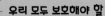

큰홍띠점박이푸른부전나비는 그 이름대로 푸른색을 띤 커다란 부전나비다. 한국과 일본 등지에 분포하며 한국에서는 2012년 5월 31일 멸종위기 야생생물 2급으로 지정하여 보호 중이고, 일본 도호쿠 지방에서는 멸종됐으며 나가노현에서도 하쿠바촌이나 도미시 등 극히 일부 지역을 제외하면 멸종된 상태다. 현재 큰홍띠점박이푸른부전나비가 확실히 관찰되는 장소에서는 지역민들에 의해 극진히 보호되고 있다.

큰홍띠점박이푸른부전나비 애벌레는 고삼이라는 콩과 식물의 꽃이나 봉오리만 먹는다. 고삼 꽃은 5월 말에서 6월까지 피는데 그때 큰홍띠점박이푸른부전나비는 애벌레 기간을 보내고 곧바로 번데기가 되어 벌초 시기를 피한 후, 비로소 일 년에 딱 한 번 아름다운 자태를 드러내 왔다.

큰홍띠점박이푸른부전나비 수가 감소한 원인 중 하나로는 논 관리법의 작은 변화가 꼽힌다. 농촌에서 논두렁을 태우지 않게 되면서 모내기 시기가 빨라졌다. 고삼은 싹이 늦게 터서 이른 봄 논둑을 태워도 땅속줄기가 상하지 않는다. 타고 난 다음 초원에서도 쌩쌩하게 자란다. 하지만 이때 애벌레가 자라나고, 애벌레가 자라는 시기에 제초가 이루어졌던 것이 원인으로 작용하지 않았나 싶다. 초원이 숲으로 변하거나 서식지 자체가 고속도로 건설로 사라진 것도 영향을 미쳤다. 희귀한 나비라는 이유로 채집된 것도 감소를 부추겼다.

하지만 2022년 인천가족공원과 인천둘레길에서 큰홍띠점박이푸른부전나비가 발견되어 무분별한 개발을 지양하고 세심한 보전대책을 세우는 등 특별관리에 나서려고 하고 있다. 나가노현 도미시에는 멸종 직전 큰홍띠점박이푸른부전나비를 대대로 키워 온 사람이 있어 수년간 꾸준히 야외로 돌려보내는 시도를 하고 있다. 나비는 알을 수백 개씩 낳으므로 번데기까지 키워 방생하는 한편 제초 농가에 고삼을 논두렁 등에 남겨 달라고 부탁하여 아름다운 푸른 나비가 날아다니는 옛 풍경을 되찾는 데 성공했다.

나비목 부전나비과
큰홍띠점박이푸른부전나비

Sinia divina

크기 앞날개 길이 약 20mm
시기 5-6월
분포 한국(국지적으로 확인 됨),
　　　일본 등

검은 테두리

파란 날개. 검은 점

수컷

암컷은 이 부분에 검은 점이 많음

날개를 편 수컷

암컷(좌)에게 구애하는 수컷

고삼 봉오리에 산란하는 암컷

215

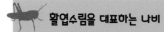

녹색부전나비

녹색부전나비류는 일본에서 제피로스라고도 불리는 아름다운 부전나비를 말한다. 제피로스란 그리스 신화에 나오는 서풍의 신을 말한다. 녹색부전나비류가 모두 수목성이라 숲에 살아서 나무 위를 나풀나풀 나는 모습 때문에 그러한 별명이 붙었으리라.

수컷은 날개를 펴면 금속성의 아름다운 녹색으로 빛나는 종이 많다. 25종 이상의 녹색부전나비 중에서는 귤빛부전나비처럼 녹색이 아닌 종도 있다. 그를 비롯해 큰녹색부전나비, 산녹색부전나비 등 참나무류에 서식하는 종이 많아 활엽수림을 대표하는 나비로 일컬어진다.

녹색부전나비류는 모두 일 년에 단 한 번 발생한다. 알로 겨울을 나고 새잎이 돋을 무렵 부화하여 성장한다. 평지에서는 5월 말부터 6월, 산지에서는 6월부터 7월이 녹색부전나비류 철이다. 나비 애호가에게 인기가 많아 채집이 활발히 이루어진다. 보통 긴 망으로 높은 나무를 흔드는 것으로 시작하는데 녹색부전나비는 종에 따라 활동 시간이 한정적이고 낮에는 나무 위에서 쉬고 있어 두드려 깨우는 것이다.

낮에 볼 수 있는 종은 적어서 관찰하려면 그들이 활동하는 시간에 현장으로 가야 한다. 북방녹색부전나비는 대략 아침 7시 반까지가 활동 시간으로 전망 좋은 가지 끝의 잎사귀에 앉아 있다가 다른 나비가 근처를 지나면 무서운 기세로 쫓아간다. 북방녹색부전나비의 활동이 끝나면 산녹색부전나비가, 그 다음에는 큰녹색부전나비가 활동을 시작한다. 즉 활동 시간을 나눠 공존하는 것이다. 오리나무 숲의 작은녹색부전나비나 떡갈나무 숲의 금강석녹색부전나비는 저녁때만 모습을 드러낸다.

나비목 부전나비과

작은녹색부전나비

Neozephyrus japonicus

크기 앞날개 길이 약 20mm
시기 6~8월
분포 한국 경기도, 강원도, 일본 홋카이도~규슈, 러시아, 중국 등지

아름다운 초록색

보는 각도에 따라 갈색으로 보임

수컷 작은녹색부전나비

암컷 작은녹색부전나비 AB형. 이외에 푸른 무늬와 붉은 무늬가 없는 O형, 푸른 무늬만 있는 B형, 붉은 무늬만 있는 A형이 있음

오렌지색이지만 녹색부전나비의 일종인 귤빛부전나비

아름다운 견직물은 모두 누에고치에서 뽑은 명주실로 짜는 것이다. 누에나방은 누에나방과에 속하는 나방으로 현재는 사육되는 것만 있고 야생에는 없다. 유충은 뽕잎만 먹어서 여러 사람이 누에를 치던 시절에는 뽕밭이 많았다. 멧누에나방이라는 종이 있는데 누에나방처럼 뽕잎을 먹는다. 누에나방은 먼 옛날 멧누에나방을 사육하여 개량한 종으로 추정된다. 다른 종이지만 쉽게 교배하여 잡종을 이룰 수 있어 정말 다른 종인지는 의문이다.

누에나방의 새하얀 몸은 날개에 비하면 지나치게 크다. 이제 날 필요가 없어 가슴 근육도 퇴화했는지 누에나방은 날 수 없는 곤충이 되고 말았다. 갈색을 띠는 멧누에나방은 당연히 날 수 있다. 날지 못하면 야생에서 살아갈 수 없다. 반면 누에나방은 날지 않을뿐더러 유충은 먹이만 있으면 도망치지 않아 매우 키우기 쉽다. 가지에 앉는 힘도 약해서 인간이 먹이를 주지 않으면 살아갈 수 없다.

한국은 예로부터 누에를 쳐서 비단을 짜는 일이 발달하였다. 화려함을 강조한 중국과 다르게 절제미와 검소한 아름다움을 담은 비단으로 유명한데 삼국시대 이전부터 비단 짜는 기술이 있었고 제직 기술을 일본에 전파하기도 했다. 지금으로부터 약 90년 전인 1930년대에 비단 수요가 세계적으로 증가하여 일본에서 연간 40만 톤에 달하는 고치가 생산되었다. 당시 누에나방은 누에님으로 불리며 귀한 대접을 받았다.

누에는 고치 하나를 짓는 데 1,000~2,500m가량의 실을 뽑는다. 명주실은 누에가 뽑은 실을 여러 가닥 꼬아 만든 것이다. 일본에는 누에나방을 연구하는 잠사 전문학교도 있어 사육법이 확립되었을 뿐만 아니라 좋은 실을 뽑는 다양한 품종이 개발되었다. 한국과 마찬가지로 일본의 누에 연구는 지금도 활발히 이루어지고 있지만 현재 누에나방을 사육하는 농가는 거의 없다.

* 蠶絲, 명주실

나비목 누에나방과
누에나방

Bombyx mori

크기 앞날개 길이 약 25mm

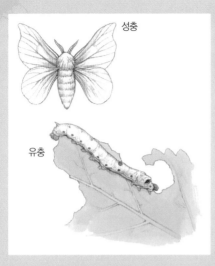

성충

유충

누에나방의 선조로 불리는
멧누에나방

고치에서 우화한 누에나방 성충

뽕잎을 먹는 유충

왕사슴벌레

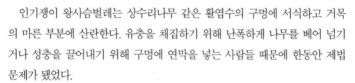

인기쟁이 왕사슴벌레는 상수리나무 같은 활엽수의 구멍에 서식하고 거목의 마른 부분에 산란한다. 유충을 채집하기 위해 난폭하게 나무를 베어 넘기거나 성충을 끌어내기 위해 구멍에 연막을 넣는 사람들 때문에 한동안 제법 문제가 됐었다.

한때 70mm 이상의 개체는 100만 원이 넘는 가격에 거래되어 검은 다이아로도 불렸으나 사육 인구가 많아지는 바람에 이제 사육 개체는 대형이라도 몇만 원을 밑돈다. 하지만 야외에서는 서식하기 좋은 숲이 사라지거나 황폐해져 숫자가 줄었다. 야외에 사는 개체보다 사육되는 개체가 훨씬 많지 않을까. 어쨌든 사육되는 것까지 포함하면 그 수는 해마다 증가하고 있을 것이다.

왕사슴벌레는 사슴벌레 중에서도 꽤 장수하는 종으로 성충으로 몇 년을 산다. 겁이 많기에 야생에서는 나뭇진이 나오는 나무의 구멍에 틀어박힌 채 좀처럼 밖에 나오지 않는다. 활동 시간은 밤이며 기척에 민감해서 툭하면 구멍에 들어가 버린다.

어디서나 쉽게 볼 수 있는 애사슴벌레는 왕사슴벌레와 같은 왕사슴벌레속에 속한다. 애사슴벌레도 큰 것은 약 55mm쯤 되며 왕사슴벌레와 마찬가지로 몇 년은 산다. 나뭇진이 나오는 나무 틈새에 서식하고 좋은 장소를 점유한 수컷이 그곳을 찾은 암컷과 교미하는 습성도 왕사슴벌레와 비슷하다. 두 종 모두 수컷이 점유한 곳에 다른 수컷이 찾아가 싸움을 건다. 그래서 나무 밑에는 종종 싸움에 진 개체가 떨어져 있다.

딱정벌레목 사슴벌레과
왕사슴벌레

Dorcus hopei

크기 27~53mm
시기 5~9월
분포 한국, 일본, 중국 등

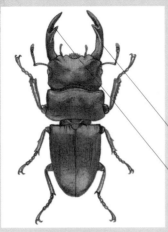

굵고 멋진 큰턱

큰턱 끝 쪽에 돌기가 있음

왕사슴벌레

사육하여 번데기의 몸집을 키우는
것이 유행했었음

근연종인 애사슴벌레도
장수하는 사슴벌레

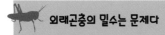

넓적사슴벌레

넓적사슴벌레는 한국 국내에서 가장 많이 볼 수 있는 사슴벌레 중 하나다. 일본의 넓적사슴벌레는 따뜻한 숲에 살아서 간사이나 규슈에서는 흔히 관찰된다. 성충은 낮 동안 나무 구멍에 숨어 있다가 밤에 활동한다. 최근 외국산인 대형 왕넓적사슴벌레와 넓적사슴벌레의 피가 섞이고 있다고 한다. 한국에서는 수입 가능한 곤충과 불가한 곤충이 나뉘어 있으며 사슴벌레류는 수입이 금지된 곤충이지만 일본에서는 한때 사슴벌레 열풍으로 외국산 사슴벌레를 사육하는 일이 흔했는데 개체 수가 폭증하면 가엾다며 야외에 방생했기 때문이리라.

사슴벌레는 일반적으로 몸집이 크고 큰턱도 커서 힘이 매우 세다. 특히 힘이 가장 센 종 중에 하나가 바로 넓적사슴벌레류다. 붙었다 하면 종종 한쪽이 다칠 만큼 격렬하게 싸운다. 넓적사슴벌레도 힘이 세지만 왕넓적사슴벌레의 힘은 보통이 아니다. 이름은 서로 달라도 사실 같은 종이라는 게 문제다. 쉽게 교잡이 일어나서 유전자가 오염되고 있다.

사슴벌레는 암컷이나 나뭇진을 놓고 싸운다. 수컷 넓적사슴도 수액이 나오는 나무의 구멍에 숨어 지키는 습성이 있다. 그런데 아무리 방생된 수가 적더라도 힘센 왕넓적사슴벌레가 좋은 장소를 차지하면 넓적사슴벌레는 대항할 수 없다. 일본 혼슈에 사는 개체는 커 봤자 70mm 정도지만 외국 개체는 최대 100mm가 넘고 성질도 사납다. 어린애가 프로 레슬러에게 덤비는 꼴이므로 전혀 승산이 없다. 인간이라면 적당히 봐줄 수 있을지 몰라도 왕넓적사슴벌레에게 그런 자비심이란 없다.

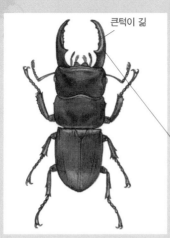

큰턱이 깊

딱정벌레목 사슴벌레과
넓적사슴벌레

Dorcus titanus

크기 20–65mm
시기 5–9월
분포 한반도 전역, 일본, 중국 등지

큰턱 뿌리 쪽에 돌기가 있음

일본 혼슈에 사는 넓적사슴벌레

커다란 수마트라왕넓적사슴벌레도
일본 넓적사슴벌레와 같은 종

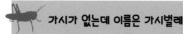
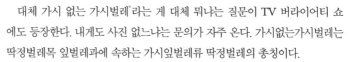

가시없는가시벌레(가칭)

대체 가시 없는 가시벌레*라는 게 대체 뭐냐는 질문이 TV 버라이어티 쇼에도 등장한다. 내게도 사진 없느냐는 문의가 자주 온다. 가시없는가시벌레는 딱정벌레목 잎벌레과에 속하는 가시잎벌레류 딱정벌레의 총칭이다.

가시잎벌레류 딱정벌레 대다수는 등이나 가슴에 가시가 잔뜩 돋아 있어서 예전에는 가시벌레라고 불렸다. 현재 노랑테가시잎벌레나 가시잎벌레라고 불리는 것은 각각 노랑테가시벌레, 억새가시벌레라고 불릴 때가 많았다. 그 무렵 가시가 없음에도 가시벌레에 속하는 가는납작잎벌레에 누군가 재미 삼아 이상한 이름을 붙인 모양이다. 현재 가시없는가시벌레라는 이름은 곤충학에서 쓰이지 않아 곤충을 잘 아는 사람에게 물어도 모르는 경우가 많다.

일본에 분포하는 가는납작잎벌레는 미야모토납작잎벌레(가칭)**, 오키나와납작잎벌레(가칭)***, 다구치납작잎벌레(가칭)**** 이렇게 3종이 있다. 그중 혼슈나 규슈에도 분포하는 다구치납작잎벌레가 가시없는가시벌레의 정체인 듯하다.

다구치납작잎벌레는 참억새에 볼 수 있는 모양인데 애초에 작은 딱정벌레는 인간 눈에 잘 띄지 않는다. 게다가 가시벌레는 역시 가시가 있어야 멋있다. 그런 이유로 가시없는가시벌레를 봤다는 사람이 별로 없고 곤충 애호가에게도 인기가 없다. 그래서 적색목록에 정보 부족으로 등재된 지역도 있다.

---

*　トゲナシトゲトゲ, 토게나시토게토게
**　Leptispa miyamotoi
***　Agonita omoro
****　Leptispa taguchii

딱정벌레목 잎벌레과

가시없는가시벌레
(다구치납작잎벌레)

Leptispa taguchii

크기 약 5mm
시기 4–6월?
분포 일본 혼슈, 규슈 등

— 등에 가시가 없음

상수리나무 위에 있는
사각노랑테가시잎벌레

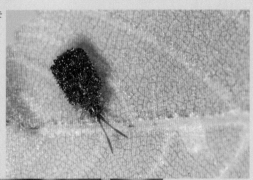

가시잎벌레는 참억새
에 있음

225

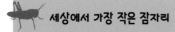

꼬마잠자리

꼬마잠자리는 세상에서 제일 작은 잠자리로 크기가 1~2cm 정도밖에 되지 않는다. 수심이 깊은 곳보다는 작은 규모의 습지에 사는데 볼 수 있는 장소가 한정적이다. 성충은 5월부터 9월까지 관찰되며 우화 직후에는 암수 모두 노란 빛을 띠지만 수컷은 머지않아 성숙하여 새빨개진다.

꼬마잠자리의 서식지는 일 년 내내 맑은 물이 얕게 고인 질퍽거리는 습지다. 예전 논은 대체로 겨울에도 물이 있어 마를 날이 없었다. 그 시절 꼬마잠자리는 어디서나 살 수 있었을 테지만 천연의 얕은 습지는 건조되면 물이 사라지고 민가 주변의 습지는 매립되어 수가 줄었다. 한국 환경부에서는 꼬마잠자리를 멸종위기 야생생물 II급으로 지정했다.

꼬마잠자리의 산지는 고도가 높은 곳이 유명해서 추운 지역 잠자리라고 생각했는데 한국에서는 온난화를 거론할 때 꼬마잠자리의 분포지가 북으로 확장되는 현상이 화제에 오른다고 한다. 일본에서는 오히려 따뜻한 곳에 적절한 환경이 남아 있지 않아 북쪽으로 쫓겨 갔다고 생각했을 수도 있을 것 같다.

연약해 보이는 꼬마잠자리지만 실은 생명력이 강한 모양이다. 최근에 일본에는 공사 등으로 절벽이 깎인 뒤 습지가 생기거나 하면 어디선가 날아와 정착하는 경우도 있다. 실제로 일본 나가노현 고마가네시에서는 주오 자동차도 건설 때 흙을 퍼내면서 생긴 절벽 아래 습지에 꼬마잠자리가 정착했다고 한다. 지금은 보호를 받으면서 현지 시민의 사랑을 받고 있다.

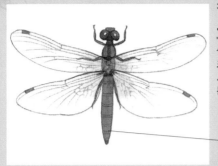

잠자리목 잠자리과
꼬마잠자리

Nannophya pygmaea

크기 약 20mm
시기 5–9월
분포 한국, 일본, 중국 중·남부,
　　　 대만, 동남아 등지

수컷은 성숙하면 새빨개짐. 우
화 직후에는 노란색

꼬마잠자리는 크기가 2cm
정도로 작음

암컷은 줄무늬가 있으며 빨개지지 않음

수컷은 성숙하면 눈까지
새빨개짐

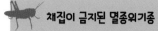
대모잠자리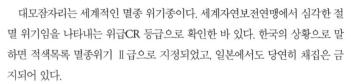

대모잠자리는 세계적인 멸종 위기종이다. 세계자연보전연맹에서 심각한 절멸 위기임을 나타내는 위급CR 등급으로 확인한 바 있다. 한국의 상황으로 말하면 적색목록 멸종위기 Ⅱ급으로 지정되었고, 일본에서도 당연히 채집은 금지되어 있다.

날개를 펴면 약 7cm로 크기가 밀잠자리만 하며 배가 굵다. 수컷의 몸은 성숙하면 까매진다. 날개의 짙은 갈색 무늬가 대모갑* 세공품 같아서 대모잠자리라는 이름이 붙었으리라.

초여름 잠자리로 4월 말부터 6월 중순까지만 볼 수 있어 조금 낯설지도 모른다. 갈대 등이 많은 평지의 연못이나 늪에 산다. 일본에서는 한때 미야기현 이남으로 분포가 확대된 적이 있으나 현재 확실히 볼 수 있는 장소는 오케가야늪을 비롯한 몇 곳뿐이라고 한다. 한국에서도 제주도에서도 발견되는 등 거의 전역에서 발견된다고 할 수 있지만 역시 그 수가 적다.

왜 이렇게 개체 수가 줄었을까. 따뜻한 지방의 평지는 인구 밀집지인 경우가 많아 방해되는 늪은 차츰 매립되었을 것이다. 설령 늪이 남았어도 주변에 먹이를 구할 만한 풍요로운 자연이 있어야 한다.

잠자리는 성충이 되면 보통 물가에서 꽤 멀리 이동한다. 하지만 대모잠자리는 정주형이라 물가에서 멀리 떨어지지 않은 먹이터로만 이동한다. 그래서 늪이 있어도 주변이 주택지로 변했으면 살 수 없다. 대모잠자리와 닮은 넉점박이잠자리도 비슷한 환경을 좋아하지만 멸종될 우려는 없다. 좀 더 추운 장소를 선호하여 자연이 풍부한 내륙부에 많기 때문이다.

---

* 玳瑁甲. 바다거북 등껍질

잠자리목 잠자리과
대모잠자리

Libellula angelina

크기　약 40mm
시기　4~7월
분포　한국, 일본, 중국 등지

대모갑과 같은 색의 무늬. 넉점
박이잠자리는 무늬가 더 작고
노란색임

복부가 굵고 짧음

항상 날개를 펴고 앉는 대모잠자리

닮은꼴인 넉점박이잠자리는 내륙부에 많음

대모갑과 비슷한 무늬의 날개를 가진
대모잠자리

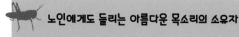

긴꼬리

우는 벌레의 여왕으로도 불리는 긴꼬리의 울음소리는 각지에서 청음회가 열릴 만큼 유명하다. 하지만 실제로 모습을 본 사람은 적을 것이다. 귀뚜라미과에 속하지만 관목이나 키 큰 풀숲에 살기 때문이다. 긴꼬리는 반투명한 날개를 가진 가녀린 곤충이다. 8월부터 10월경 초저녁부터 밤까지 '루루루루루' 하고 낮지만 또렷하게 운다.

고음인 벌레 울음소리는 나이가 들면 잘 들리지 않는 게 보통이다. 젊었을 적 그토록 시끄럽게 느껴지던 베짱이 울음소리가 쉰을 넘었을 무렵부터 점점 들리지 않게 됐다. 베짱이 소리의 파장이 만 헤르츠에 달하는 고음이라고 하니 당연한 일인지도 모른다. 그런데 긴꼬리 소리는 1700헤르츠로 저음이다. 그래서 나이 든 사람에게도 잘 들린다. 긴꼬리 소리가 고음이었다면 노인도 많이 참여하는 긴꼬리 청음회는 열릴 수 없었을 것이다.

우는 벌레는 대부분 수컷만 운다. 암컷을 부르기 위해서다. 수컷 긴꼬리가 날개를 세워 울고 있으면 등 뒤로 암컷이 다가와 날개 뿌리를 핥는다. 유혹샘이라고 불리는 곳에서 달콤한 액체가 나오는 모양이다. 암컷이 등을 핥는 동안 수컷은 정자가 든 주머니를 암컷의 생식구에 넣는다.

긴꼬리 유충은 주로 꽃가루나 꽃잎, 식물에 붙은 진딧물을 먹는다. 특히 콩과 식물을 좋아해서 싸리나 칡을 찾으면 긴꼬리를 발견할 수 있다. 잎의 포개진 곳이나 벌레 먹은 곳에서 얼굴을 내민 채 세워진 날개를 맞비벼 소리를 낸다. 손전등 빛에 별로 민감하지 않아 소리가 멈췄을 때 불을 끄고 가만히 있으면 곧 다시 울기 시작하므로 비교적 발견하기 쉽다.

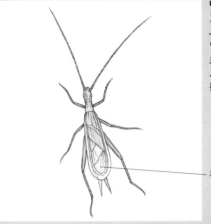

메뚜기목 귀뚜라미과
긴꼬리
Oecanthus longicauda

크기 몸길이 10–20mm
시기 8–10월
분포 제주도를 포함한 한반도 전
역, 일본 홋카이도~규슈, 중
국 북동부, 극동러시아 등지

투명한 날개

잎 가장자리나 구멍 난 곳에서
얼굴을 내민 채 우는 긴꼬리

긴꼬리의 교미. 암컷이 등을 핥는 사이 수컷은 정자가 든 주머니
를 암컷의 꼬리 끝에 붙임

하루 한 권, 곤충

초판 인쇄 2023년 10월 31일
초판 발행 2023년 10월 31일

지은이 운노 가즈오
옮긴이 정혜원
발행인 채종준

출판총괄 박능원
국제업무 채보라
책임편집 박민지
마케팅 문선영
전자책 정담자리

브랜드 드루
주소 경기도 파주시 회동길 230 (문발동)
투고문의 ksibook13@kstudy.com

발행처 한국학술정보(주)
출판신고 2003년 9월 25일 제 406-2003-000012호
인쇄 북토리

ISBN 979-11-6983-754-5 04400
      979-11-6983-178-9 (세트)

드루는 한국학술정보(주)의 지식 · 교양도서 출판 브랜드입니다.
세상의 모든 지식을 두루두루 모아 독자에게 내보인다는 뜻을 담았습니다.
지적인 호기심을 해결하고 생각에 깊이를 더할 수 있도록, 보다 가치 있는 책을 만들고자 합니다.